Suchen
und
Sammeln

Kurt Walenta

Mineralien aus dem Schwarzwald

Die im Schwarzwald auftretenden Mineralien und ihre Vorkommen. Ein Handbuch für den Sammler.

Kosmos
Gesellschaft der Naturfreunde
Franckh'sche Verlagshandlung
Stuttgart

Mit 90 Farbfotos und 7 Zeichnungen vom Verfasser sowie 5 Zeichnungen von Hans-Hermann Kropf nach Vorlagen des Verfassers

Umschlaggestaltung von Edgar Dambacher unter Verwendung zweier Dias von Kurt Walenta

CIP-Kurztitelaufnahme der Deutschen Bibliothek

Walenta, Kurt:
Mineralien aus dem Schwarzwald: d. im Schwarzwald auftretenden Mineralien u. ihre Vorkommen; e. Handbuch für d. Sammler/Kurt Walenta. [Mit 90 Farbfotos u. 7 Zeichn. vom Verf. sowie 4 Zeichn. von Hans-Hermann Kropf nach Vorlagen d. Verf.]. – Stuttgart: Franckh, 1979.
ISBN 3-440-04713-X

Das Frontispiz zeigt teilweise im Mixit umgewandelte Wismutglanzkristalle von der Schmiedestollen-Halde in Wittichen (6,1 mm).

Franckh'sche Verlagshandlung W. Keller & Co., Stuttgart/1979

Printed in Italy/Imprimé en Italie/L 10kr H Ste
ISBN 3-440-04713-X
Satz: Brönner & Daentler, Eichstätt
Herstellung: Grafiche Muzzio, Padua/Italien

Mineralien aus dem Schwarzwald

Verzeichnis der Gruben

Vorwort

Das vorliegende Buch gibt eine Übersicht über die im Schwarzwald auftretenden Mineralien, wobei jedoch bei der Einzelbeschreibung keine Vollständigkeit angestrebt wird. Näher behandelt wird nur ein Teil der bisher im Schwarzwald nachgewiesenen und in einer Liste am Ende des Buches verzeichneten Mineralarten. Die Beschreibung aller in der Liste enthaltenen Mineralien – insgesamt 358 an der Zahl – wäre über den Rahmen dieses Buches und seine Zielsetzung hinausgegangen.

Die Auswahl der Mineralien, auf die näher eingegangen wird, richtete sich vor allem nach den Belangen des Mineraliensammlers. Dies hat zur Folge, daß in erster Linie die Mineralien jener Vorkommen berücksichtigt wurden, denen auch heute noch eine Bedeutung zukommt. Gesteinsbildende Mineralien, die im allgemeinen keine Sammelobjekte darstellen, und ebenso solche, die nur bei mikroskopischen Untersuchungen zu entdecken sind, wurden dagegen nur in wenigen Fällen in den beschreibenden Teil aufgenommen.

Die Reihenfolge der Behandlung entspricht der heutigen Einteilung der Mineralien nach ihrer chemischen Zusammensetzung. Dies wurde einer Einteilung nach genetischen Gesichtspunkten vorgezogen. Angegeben werden jeweils neben der Formel und dem Kristallsystem noch die Farbe, der Strich – soweit dieser charakteristisch ist – und die Härte.

Was die genannten Fundorte anbetrifft, so sei darauf hingewiesen, daß auch hier eine vollzählige Erfassung aller Vorkommen eines Minerals nicht immer erfolgte. Genannt werden vor allem Vorkommen, die auch jetzt noch Fundmöglichkeiten bieten. Daß heutzutage in bezug auf die Ergiebigkeit einer Fundstelle indessen rasche Veränderungen eintreten können, wird jedem Mineraliensammler bekannt sein.

Den Mitarbeitern am Institut für Mineralogie und Kristallchemie der Universität Stuttgart danke ich für ihre Unterstützung.

Stuttgart, Sommer 1978

Kurze Einführung in die geologischen und petrographischen Verhältnisse

Betrachtet man die geologische Karte des Schwarzwaldes, so stellt man fest, daß vor allem Gneise und Granite weit verbreitet sind. Es sind dies die Gesteine des sogenannten Grundgebirges, die insbesonders im Osten von jüngeren Schichtgesteinen des Deckgebirges überlagert werden. Unter letzteren spielt der in der älteren Periode der Trias abgelagerte Buntsandstein die größte Rolle.
Damit haben wir die drei wichtigsten Gesteine des Schwarzwaldes kennengelernt und gleichzeitig Vertreter der drei Hauptgruppen, in die man die Gesteine ganz allgemein einteilt: Granit ist ein Eruptivgestein, das beim Erkalten eines flüssigen Magmas in der Erdkruste erstarrte, Buntsandstein ein Sediment, das schichtförmig an der Erdoberfläche abgelagert wurde, Gneis ein metamorphes Gestein (Umwandlungsgestein), das aus einem ehemaligen Eruptivgestein oder Sediment unter Temperatur- und Druckeinwirkung in größerer Tiefe entstanden ist.
Die Entwicklungsgeschichte der Gesteine im Schwarzwald und ihre Altersstellung sind heute im wesentlichen bekannt, wobei die neuzeitlichen Methoden der Altersbestimmung, die auf dem radioaktiven Zerfall bestimmter Elemente basieren, in starkem Maße zu einer Klärung der Verhältnisse beigetragen haben. Als älteste Gesteine haben Gneise zu gelten, und zwar solche, die aus ehemaligen Sedimenten (Arkosen, Grauwacken, sandigen Schiefern) hervorgegangen sind. Man bezeichnet Gneise dieser Art als Paragneise, im Schwarzwald auch als Renchgneise.
Etwas jünger als die Paragneise sind die aus ehemaligen Eruptivgesteinen entstandenen Orthogneise, für die im Schwarzwald der Begriff Schapbachgneise eingeführt wurde. Die Umwandlung der den Gneisen zugrundeliegenden Sedimente und Eruptivgesteine erfolgte im Zuge der sogenannten assyntischen Gebirgsbildung vor ca. 620 Millionen Jahren.
Die Bildung der Granite fällt in die erdgeschichtliche Periode des Karbons. Sie ist mit der variszischen Gebirgsbildung verknüpft, die bereits im Oberdevon einsetzt (bretonische Phase) und im Perm (saalische Phase) ausklingt. Man kann drei Hauptgranitmassive unterscheiden: das Nordschwarzwälder, das Triberger und das Südschwarzwälder Massiv. Von Gneisen eingenommene Gebiete trennen die einzelnen Granitmassive voneinander. Innerhalb der Massive erlauben Unterschiede im Mineralbestand und im Alter eine weitere Untergliederung der granitischen Gesteine in einzelne Typen. So kennt man z.B. aus dem nördlichen Schwarzwald sieben verschiedene Granitarten.
Mit der variszischen Orogenese ging eine weitere Umwandlung der Gneise einher. In tieferen Bereichen der Erdkruste kam es zu Aufschmelzungsvorgängen (Anataxis), wobei vor allem die hellen Gemengteile der Gneise – Quarz und Feldspäte – mobilisiert wurden, d.h. sie wurden teilweise von den erst bei

Bild 1. Geologische Karte des Schwarzwalds (nach METZ).

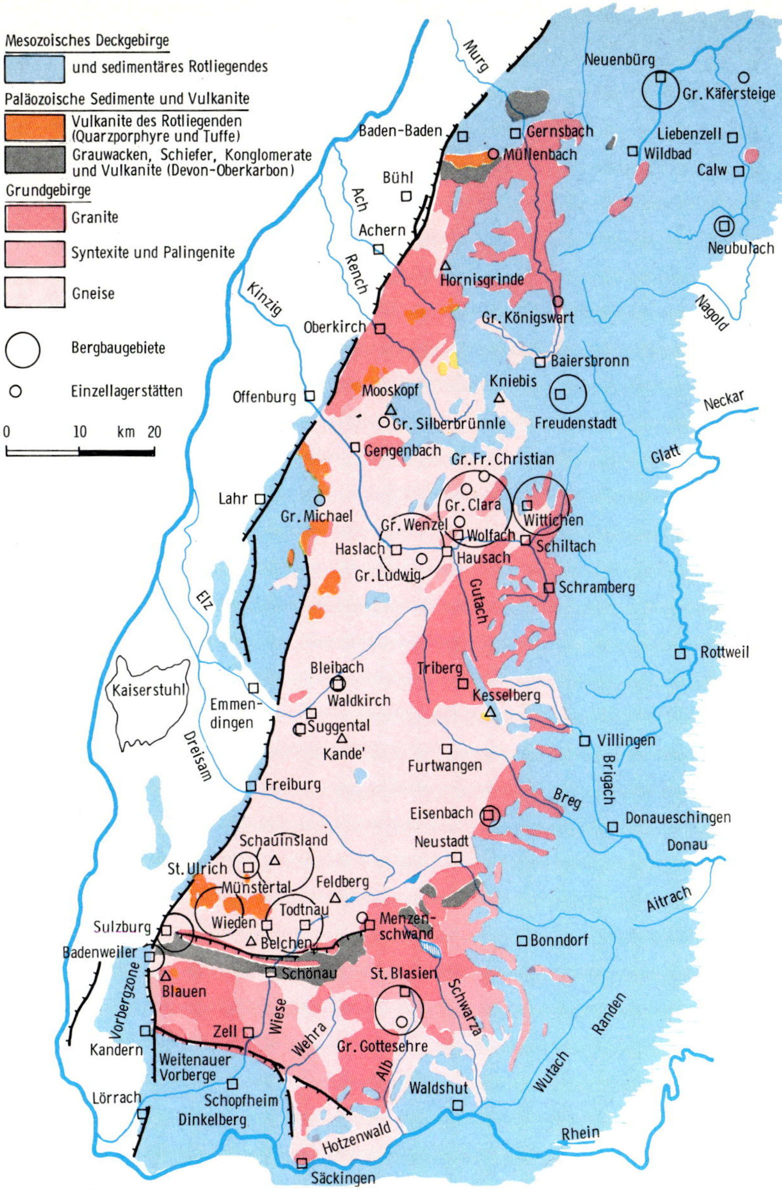
Mesozoisches Deckgebirge
und sedimentäres Rotliegendes
Paläozoische Sedimente und Vulkanite
Vulkanite des Rotliegenden (Quarzporphyre und Tuffe)
Grauwacken, Schiefer, Konglomerate und Vulkanite (Devon-Oberkarbon)
Grundgebirge
Granite
Syntexite und Palingenite
Gneise
Bergbaugebiete
Einzellagerstätten
0 10 km 20
Murg
Neuenbürg
Gr. Käfersteige
Baden-Baden
Gernsbach
Liebenzell
Müllenbach
Wildbad
Calw
Bühl
Ach
Achern
Neubulach
Rench
Hornisgrinde
Kinzig
Gr. Königswart
Nagold
Oberkirch
Baiersbronn
Kniebis
Offenburg
Mooskopf
Freudenstadt
Neckar
Gr. Silberbrünnle
Gengenbach
Gr. Fr. Christian
Glatt
Lahr
Gr. Clara
Wittichen
Gr. Michael
Gr. Wenzel
Wolfach
Schiltach
Haslach
Hausach
Gr. Ludwig
Schramberg
Elz
Gutach
Rottweil
Bleibach
Triberg
Kaiserstuhl
Emmendingen
Waldkirch
Kesselberg
Suggental
Dreisam
Kande'
Villingen
Furtwangen
Brigach
Freiburg
Breg
Eisenbach
Donaueschingen
Schauinsland
Neustadt
Donau
St. Ulrich
Münstertal
Feldberg
Aitrach
Todtnau
Sulzburg
Wieden
Menzenschwand
Belchen
Bonndorf
Badenweiler
Schönau
St. Blasien
Vorbergzone
Blauen
Schwarza
Randen
Wiese
Zell
Wehra
Kandern
Gr. Gottesehre
Weitenauer Vorberge
Alb
Wutach
Lörrach
Schopfheim
Waldshut
Dinkelberg
Rhein
Hotzenwald
Säckingen

höheren Temperaturen schmelzenden dunklen Gemengteilen getrennt und reicherten sich lokal an. Gneise, die auf diese Weise verändert wurden, bezeichnet man als Anatexite.
Den Ausklang der magmatischen Tätigkeit im Paläozoikum bildet die Förderung von sauren, d.h. kieselsäurereichen Magmen, die bis an die Erdoberfläche drangen und dort, teilweise deckenförmig, als Quarzporphyre bzw. Rhyolithe erstarrten. Größere Vorkommen solcher Gesteine kennt man aus dem Gebiet von Baden-Baden und dem Münstertalbereich.
Bevor kurz auf die Gesteine des Deckgebirges eingegangen wird, sei noch auf das Auftreten von devonischen und karbonischen Sedimenten in der Badenweiler-Schönau-Lenzkircher Zone im südlichen Schwarzwald hingewiesen, zu denen sich Gesteine ähnlicher Altersstellung im Gebiet von Baden-Baden gesellen.
Das Deckgebirge beginnt mit den noch zum Paläozoikum gehörenden Gesteinen des Rotliegenden, die in Mulden bzw. Trögen konzentriert sind und dort eine erhebliche Mächtigkeit erreichen (Badener Mulde, Schramberger Trog mit einer Rotliegendmächtigkeit von ca. 500 m). Gegen Ende des Rotliegenden erfolgte durch Abtragung eine weitgehende Einebnung des Grundgebirges. Es entstand dadurch eine sogenannte Abrasionsfläche, auf welcher dann der triassische Buntsandstein zur Ablagerung kam, der in den unteren, mittleren und oberen Buntsandstein untergliedert wird. Jüngere mesozoische Schichtglieder sind im Bereich des eigentlichen Schwarzwalds nicht mehr vorhanden.
Die heutige Verbreitung des durch den Buntsandstein gekennzeichneten Deckgebirges im Schwarzwald hängt mit jungen tertiären und pleistozänen (eiszeitlichen) Hebungsvorgängen zusammen, wobei die stärkste Hebung im Feldberggebiet erfolgte.

Was die Erzlagerstätten des Schwarzwaldes anbetrifft, die als Mineralfundstätten die Hauptrolle spielen, so stehen diese zumeist mit magmatischen Bildungsprozessen in Zusammenhang. Vor allem hydrothermale Erzgänge sind weit verbreitet: Der Ganginhalt wird hierbei auf wäßrige Lösungen zurückgeführt, die sich im Verlauf des Erstarrungsprozesses aus einem Magma abgespalten haben.
Neben hydrothermalen Ganglagerstätten gibt es im südlichen Schwarzwald auch liquidmagmatische Lagerstätten, deren Entstehung auf Differentiations- bzw. Trennungsvorgänge während der Magmenkristallisation zurückgeführt wird (Nickelmagnetkies-Vorkommen von Horbach bei St. Blasien und von Todtmoos). Eine wirtschaftliche Bedeutung kommt diesen Vorkommen heute nicht mehr zu. Nur eine untergeordnete Rolle spielen im Schwarzwald auch Pegmatite und pneumatolytische Bildungen, die aus magmatischen Restschmelzen und hochtemperierten Lösungen im überkritischen Bereich abgeleitet werden. Zu letzteren zählen das Zinnsteinvorkommen von Niederwasser bei Hornberg und die wolframerzführenden Turmalin-Quarzadern im Gebiet vom Roßgrabeneck bei Nordrach.
Unter den weit verbreiteten hydrothermalen Erzgängen, die man nach den in ihnen vorherrschenden Metallen in verschiedene Formationen einteilt, dominieren im Schwarzwald solche der Blei-Zinkformation. Besonders zahlreich sind Gänge dieser Art im südlichen Schwarzwald (Schauinsland, Münstertal, Sulzburg, Wieden, Todtnau, Urberg). Auch im mittleren Schwarzwald gibt es Blei-Zinkerzgänge, doch tritt die Zinkblende hier generell gegenüber Bleiglanz zurück. Der letzte Blei-Zinkerzbergbau im Schwarzwald ging bis 1954 im Bereich des Schauinsland bei Freiburg um. Seither werden fast nur noch die

Gangarten Flußspat und Schwerspat abgebaut.
Durch einen besonderen Mineralreichtum sind die Gänge der Kobalt-Nickel-Silber-Wismut-Uran-Formation ausgezeichnet, die im Gebiet von Wittichen im mittleren Schwarzwald auftreten. Sie waren in der ältesten Zeit des Bergbaus vor allem wichtige Silberlieferanten. Im 18. Jahrhundert erlangte zusätzlich der Abbau von Kobalterzen Bedeutung, während in neuester Zeit der Urangehalt der Gänge auf Interesse stößt, ohne daß es bisher zu einer Wiederaufnahme des seit der Mitte des vergangenen Jahrhunderts eingestellten Bergbaus kam.
Uran ist außer in den zuvor genannten Gängen auch noch in solchen anderer Paragenese (Mineralvergesellschaftung) im Schwarzwald vertreten, wie z.B. im Gebiet von Menzenschwand im südlichen Schwarzwald. Die im Bärhaldegranit aufsetzenden Gänge führen neben reichlich Hämatit und Pyrit Pechblende in stärkerer Konzentration. Außerdem kommt dort eine große Zahl von sekundären Uranmineralien vor, so daß dieser Fundort zu den mineralreichsten im Schwarzwald zählt.
Unter den hydrothermalen Vorkommen sind im Schwarzwald auch Gänge der Kupferformation vertreten, wenn sie auch keine große Rolle spielen. Zur Silberformation zu rechnen ist der Wenzelgang im Frohnbachtal bei Oberwolfach, der eine interessante, durch die Elemente Antimon und Silber geprägte Paragenese aufweist. Einen ähnlichen, wenn auch nicht so artenreichen Mineralbestand weisen die antimonerzführenden Gänge auf, denen man u.a. im Gebiet von Sulzburg im südlichen Schwarzwald begegnet, ebenso die Gänge der sogenannten edlen Quarzformation, die vor allem im Gebiet von Haslach eine größere Verbreitung zeigen. Auch Vertreter der oxidischen Eisen-Mangan-Formation sind im Schwarzwald vorhanden. In früheren Zeiten hatten solche Gänge zum Teil auch eine wirtschaftliche Bedeutung, wie im Gebiet von Neuenbürg im nördlichen Schwarzwald.
Erwähnung verdienen auch die im Deckgebirge aufsetzenden Erzgänge bei Freudenstadt und Neubulach. Sie weisen zwar eine verhältnismäßig artenarme Primärparagenese auf, sind dafür aber reich an Sekundärbildungen. Im Mineralbestand zeigen sie Beziehungen zu den Gängen des Gebietes von Wittichen, und es ist möglich, daß ihr Erzinhalt von älteren Gängen im Grundgebirge abzuleiten ist. Von SCHNEIDERHÖHN wurde für solche Mobilisationsvorgänge der Ausdruck sekundärhydrothermal geprägt.
An letzter Stelle sei als Beispiel für eine sedimentäre Lagerstätte noch das erst in neuester Zeit entdeckte Uranvorkommen von Müllenbach bei Baden-Baden angeführt. Hier treten im Bereich von Sedimenten des Oberkarbons Pechblende und Coffinit neben sekundären Uranmineralien auf. Nähere Untersuchungen, die gegenwärtig durchgeführt werden, sollen Aufschluß über die Abbauwürdigkeit dieser Lagerstätte geben.

Anmerkungen:
Die Abbildungen sind von links nach rechts und von oben nach unten zu lesen.
In den Bildunterschriften ist jeweils in Klammern die Originalbreite des Bildausschnitts vermerkt.
Die bei den Angaben über das Kristallsystem und die Mineralvorkommen in einigen Fällen angebrachten Fragezeichen bedeuten, daß hier noch eine gewisse Unsicherheit besteht. Fehlende Angaben sind Lücken in unserem Kenntnisstand. Die Strichfarbe ist neben der

Mineralfarbe in der Regel nur dann angeführt, wenn sie charakteristisch ist, d.h. sie fehlt bei farblosen und weißen Mineralien.

Die in der Zeile Literatur genannten Zahlen verweisen auf das ausführliche Literaturverzeichnis am Schluß des Werkes.

Elemente

Kupfer

Cu; kubisch

Farbe: kupferrot; Strich: metallisch kupferrot; Härte: 2,5 – 3

Kupfer in gediegener Form ist aus verschiedenen Erzgängen des Schwarzwaldes bekannt geworden. Meist tritt es nur als untergeordnete Komponente unter den Sekundärbildungen der Oxidations- und Zementationszone auf. Die Ausbildungsform ist im allgemeinen blech- oder dendritenförmig. Auf Grund seiner charakteristischen kupferroten Farbe ist es verhältnismäßig leicht zu erkennen. Zu den Begleitmineralien gehören Cuprit und Malachit. Als wichtigstes Vorkommen im Schwarzwald ist der Prosper Gang bei Bad Rippoldsau zu nennen, wo das Mineral Anfang des 18. Jahrhunderts bergmännisch gewonnen wurde. Dieser Fundort, an dem das Mineral auch in oktaedrischen Kristallen vorkam, kann als erschöpft gelten. An weiteren Vorkommen seien genannt: Neubulach, Wittichen, Grube Clara bei Oberwolfach und Grube Michael im Weiler bei Lahr, wo jeweils noch bescheidene Fundmöglichkeiten bestehen.

Lit.: 109; 155; 168; 193; 195; 203; 205

Silber

Ag; kubisch

Farbe: silberweiß (frisch), schwärzlich (wenn angelaufen); Strich: metallisch silberweiß; Härte: 2,5 – 3

Silber gehört zu den Metallen, die in den Erzgängen des Schwarzwaldes eine wichtige Rolle spielen. Es tritt nicht nur in elementarer Form als gediegen Silber auf, sondern noch häufiger in sulfidischer Bindung als Haupt- oder Nebenkomponente anderer Erzmineralien. Vor allem in der ältesten Zeit des Bergbaus im Schwarzwald kam dem Silber eine große Bedeutung zu, und es läßt sich feststellen, daß die Silbergewinnung der entscheidende Anlaß für die Aufnahme und Ausbreitung der bergbaulichen Tätigkeit in diesem Gebiet war. Nachdem bereits in der Römerzeit Bergbau nachweisbar ist (u.a. im Gebiet von Badenweiler), kam es vor allem im späteren Mittelalter zu einem regen Erzabbau im Schwarzwald. Nach Rückschlägen im Gefolge des Dreißigjährigen Krieges, aber auch schon davor, erlebte der Bergbau im 18. Jahrhundert eine nochmalige Blütezeit, wobei allerdings neben der Silbergewinnung auch der Abbau von Kobalterzen an Bedeutung gewann. Zur Silbergewinnung dienten neben dem Metall in gediegener Form

eine Reihe von anderen silberhaltigen Mineralien, wie Silberglanz, Rotgültigerz, silberhaltiges Fahlerz und vor allem auch silberhaltiger Bleiglanz.
Die Zahl der Vorkommen von gediegen Silber, das meist in draht- und baumförmigen Aggregaten, in Blechen, selten auch in oktaedrischen Kristallen auftritt, ist groß. Besonders silberreich war das Gebiet von Wittichen im mittleren Schwarzwald, wo in erster Linie die Grube Sophia zu nennen ist. Sie war die reichste Silbergrube des Schwarzwaldes. Mit Geduld und Glück kann man auch heute noch auf der Halde vor dem unteren Stollen der Grube im Böckelsbachtal Silber in gediegener Form finden. Weitere Fundorte sind die Gruben Wenzel und Clara bei Oberwolfach im mittleren Schwarzwald, das Untermünstertal (Grube Teufelsgrund) sowie Wieden und die Grube Gottesehre bei Urberg im südlichen Schwarzwald.
Lit.: 45; 48; 74; 103; 111; 115; 130; 152; 191; 193; 195; 218

Bild 2. Gediegen Silber mit Ankeritkristallen, Wittichen (55 mm).

Bild 3. Goldeinsprenglinge in Quarz, Grube Ludwig im Adlersbachtal bei Hausach (18 mm).

Gold
Au; kubisch
Farbe: goldgelb; Strich: goldfarben;
Härte: 2,5 – 3
Es gibt über das Auftreten von gediegen Gold im Schwarzwald mancherlei Berichte, die aus älterer Zeit stammen. In der Regel haben sie sich bei einer Nachprüfung als unzutreffend erwiesen. Ein Vorkommen von Berggold ist jedoch im Schwarzwald mit Sicherheit bekannt geworden. Bei dem Fundort handelt es sich um die Grube Ludwig im Adlersbachtal bei Hausach. Nachdem bereits in Bergbauakten, die aus der Mitte des vergangenen Jahrhunderts stammen, von einem Goldgehalt des aus dieser Grube geförderten Schwefelkieses in Höhe von 3,52 Unzen/t (= 109 g/t) die Rede ist, gelang dem Verfasser 1954 ein Freigoldfund auf der Halde vor dem unteren Stollen der Grube. Das Gold tritt in kleinen Einsprenglingen in Quarz auf, deren größter ca.

0,4 x 0,08 mm mißt und damit mit freiem Auge gerade noch wahrnehmbar ist. Das Edelmetall ist auf der gefundenen Stufe mit Pyrit, Zinkblende und Antimonglanz vergesellschaftet. Auch auf der Halde vor dem oberen Stollen der Grube Ludwig kommt gediegen Gold in winzigen, nur mit dem Erzmikroskop nachweisbaren Körnchen vor.
Der Nachweis von Gold in den von der Grube Ludwig erschlossenen Gängen läßt im übrigen auch andere Vorkommen ähnlicher Paragenese einschließlich der Gänge der edlen Quarzformation im mittleren Schwarzwald als goldhöffig erscheinen. Erwähnt sei noch, daß es alte Nachrichten über das Bestehen von Goldwäschereien an Bächen und Flüssen des Schwarzwaldes gibt, wobei auch Elz, Kinzig und Rench genannt werden.
Lit.: 42; 171; 203

Arsen
As; trigonal
Farbe: lichtbleigrau (schwarz anlaufend);
Strich: schwarz; Härte: 3 – 4
Arsen ist in derber Ausbildungsform als untergeordnete Komponente in den Gängen des Gebietes von Wittichen vertreten. Etwas häufiger fand es sich im Michaelgang im Weiler bei Lahr. Das Mineral durchsetzt hier in kleinen Einschlüssen den Hornstein, kommt aber auch in erdiger Form in zentimeterdicken Adern und in kugeligen Aggregaten vor. Im südlichen Schwarzwald werden Wieden (Tannenbodengang), die Grube Gottesehre bei Urberg sowie Teufelsgrund- und Schindlergang im Münstertal als Fundorte genannt.
Lit.: 48; 52; 115; 130; 154; 168; 205

Antimon
Sb; trigonal
Farbe: zinnweiß; Strich: bleigrau; Härte: 3–3,5

Gediegen Antimon ist bisher von vier Fundorten im Schwarzwald beschrieben worden: von der Grube Wenzel bei Oberwolfach, der Grube Dreikönigstern in der Reinerzau, der Grube Ludwig im Adlersbachtal bei Hausach und aus dem Tannenbodengang bei Wieden. Während das Mineral an den beiden letztgenannten Fundorten nur in mikroskopischen Dimensionen auftritt, kam es im Bereich der Grube Wenzel auch in größeren, spätigen Massen vor. Aus der Grube Dreikönigstern liegt eine Erzstufe vor, die in Vergesellschaftung mit Dyskrasit, Löllingit, Bleiglanz und Pyrargyrit relativ reichlich Antimon in xenomorphen Aggregaten führt, doch kann die Herkunft des aus älterer Zeit stammenden Fundes nicht als völlig gesichert gelten, da

Bild 4. Gediegen Antimon, Grube Wenzel bei Oberwolfach (10,4 mm).

sonst weder Antimon noch Dyskrasit aus den Gängen des Gebietes von Wittichen und seiner Umgebung bekannt geworden sind.
Lit.: 48; 81; 171

Wismut
Bi; trigonal
Farbe: rötlichsilberweiß (oft angelaufen); Strich: metallisch bleigrau; Härte: 2 – 2,5
Gediegen Wismut ist als primäres Mineral vor allem in den Gängen der Kobalt-Nickel-Silber-Wismut-Uran-Formation im Gebiet von Wittichen verbreitet. Man findet es in Form von kleinen, unregelmäßigen Einsprenglingen in den Gangarten, mitunter auch in länglichen Kristallen, die von Pechblende umkrustet werden. Als Fundort ist in erster Linie die Schmiedestollen-Halde bei Wittichen zu nennen, außerdem die Grube Daniel im Gallenbachtal. Sodann kennt man Wismut auch aus dem sogenannten Harten Trum des Friedrich-Christian-Ganges im Wildschapbachtal. In neuerer Zeit wurde es aus den wolframerzführenden Quarz-Turmalinadern beschrieben, die im Gebiet Roßgrabeneck-Schwaigwald bei Nordrach auftreten. Das Mineral bildet hier kleine Einsprenglinge im Quarz und ist mit Wolframit und Scheelit vergesellschaftet. Zu den Neuentdeckungen gehört auch ein Vorkommen im Gebiet von Nußbach bei Triberg, wo das Mineral als Begleiter von Uranmineralien vorkommt.
Lit.: 165; 168; 195; 204; 212; 218

Schwefel
S; rhombisch
Farbe: gelb; Strich: weißlich; Härte: knapp 2
Gediegen Schwefel findet sich als Zersetzungsprodukt sulfidischer Erzmineralien in der Oxidationszone hydrothermaler Gänge des Schwarzwaldes. Gewöhnlich begegnet man ihm in kleinen Kriställchen, deren Größe maximal etwa 1–2 mm erreicht. Zum Teil sind die Kristalle flächenreich. So wurden aus der Grube Pfingstsegen bei Aitern 17 Flächenformen beschrieben, darunter (100), (010), (001), (110), (013) und (011). Gerundete Kristalle der Kombination (111) und (001) fanden sich in der Leopoldsgrube bei Bad Rippoldsau.

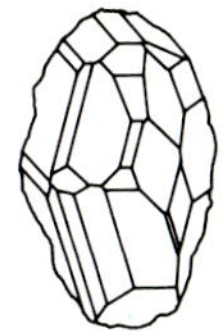
Bild 5. Gediegen Schwefel, Grube Pfingstsegen bei Aitern (nach Maier).

Auch aus der Grube Clara, dem Michaelgang im Weiler bei Lahr und aus einigen antimonerzführenden Gängen des Schwarzwaldes (Holderpfadgebiet bei Sulzburg, Münstergrund bei St. Trudpert, St. Ulrich, Grube Ludwig im Adlersbachtal bei Hausach) ist gediegen Schwefel bekannt geworden.
Lit.: 94; 171; 172; 205

Sulfide (mit Antimoniden und Arseniden)

Dyskrasit (Antimonsilber)
Ag_3Sb; rhombisch
Farbe: silberweiß (grau und bräunlich anlaufend); Strich: silberweiß; Härte: 3,5
Das Auftreten von Dyskrasit im Schwarzwald ist auf zwei Fundorte beschränkt, die Grube Wenzel bei Oberwolfach und den Tannenbodengang bei Wieden, sofern ein nicht ganz gesicherter Fund aus der Grube Dreikönigstern in der Reinerzau unberücksichtigt bleibt. Während das Mineral im Tannenbodengang nur in geringen Mengen im Bereich eines Antimon-Silber- und eines Arsenerzfalles auftrat, war es im Wenzelgang ein für die Silbergewinnung wichtiges Erzmineral.
Es trat dort nach alten Angaben in zentnerschweren Blöcken auf. Man unterschied feinkörnigen und großblättrigen Dyskrasit, wobei ersterer vor allem in knolligen Massen vorkam. Beide Arten werden nicht selten von Rotgültigerz umhüllt und verdrängt. Kombinationen (nach SANDBERGER) sind (112), (011), (111), (001), (011), seltener (110), (010), (111), (011), (001). Auch Zwillinge und Drillinge nach (110) sind häufig.
Fundmöglichkeiten auf der Halde vor dem oberen Stollen der Grube Wenzel sind heute kaum mehr gegeben, in der (nicht ohne weiteres zugänglichen) Grube hingegen sind die Aussichten, geringe Mengen dieses begehrten Erzminerals zu finden, etwas günstiger zu veranschlagen.
Lit.: 48; 81; 130; 168

Bild 6. Dyskrasit, Grube Wenzel bei Oberwolfach (8,3 mm).

Kupferglanz (Chalkosin)
Cu_2S; rhombisch
Farbe: dunkelbleigrau; Strich: schwärzlich; Härte: 2,5 – 3
Dieses sulfidische Kupfermineral ist im Schwarzwald insgesamt gesehen nicht sehr häufig. Es findet sich als untergeordnete Komponente in hydrothermalen Erzgängen und ist teils primärer, teils sekundärer Entstehung. Beschrieben wurde es aus den Gängen des Gebietes von Wittichen, Rippoldsau und Freudenstadt, aus der Grube Clara bei Oberwolfach und der Grube Friedrich-Christian im Wildschapbachtal. Im südlichen Schwarzwald gehören Badenweiler und Menzenschwand zu

Bild 7. Kupferglanz, krustenförmig auf Pyrit, Grube Clara bei Oberwolfach (15,6 mm).

den Fundorten. Vom letztgenannten Fundort wird der Kupferglanz als zementative Bildung im Bereich von korrodiertem Pyrit erwähnt. Er ist hier mit Digenit und Covellin vergesellschaftet.
Lit.: 42; 91; 115; 130; 168; 189; 190; 193; 195; 203

Bornit (Buntkupferkies)
Cu_5FeS_4; tetragonal
Farbe: rötlichtombakfarben (bunt anlaufend); Strich: schwarzgrau; Härte: 3
Wie der Kupferglanz so gehört auch der Bornit zu den selteneren Komponenten der Erzgänge des Schwarzwaldes. Er tritt in der Regel in derber Form auf, nur aus dem Gebiet von Wittichen sind schlecht entwickelte würfelförmige Kristalle bekannt geworden, die z.T. in Kupferglanz und Covellin umgewandelt sind.

An weiteren Fundorten seien erwähnt: Bad Rippoldsau, Neubulach und Grube Friedrich-Christian im Wildschapbachtal.
Lit.: 130; 168; 203

Silberglanz (Argentit)
Ag_2S; monoklin (über 179° kubisch)
Farbe: dunkelbleigrau (schwarz anlaufend); Strich: grau; Härte: 2
Silberglanz ist im Schwarzwald kein allzu seltenes Mineral, wenn auch heutzutage nur mehr geringe Fundmöglichkeiten bestehen. Er tritt sowohl als primäres, als auch als sekundäres Mineral auf. Recht verbreitet war das Mineral in den Erzgängen des Gebietes von Wittichen. Auf der Sophia-Halde wurde Silberglanz sekundärer Entstehung auch in neuerer Zeit

Bild 8. Silberglanz, Grube Wenzel bei Oberwolfach (8,4 mm).

noch in Form von baumartig verzweigten, schwärzlichen Aggregaten gefunden. Primär trat es in Form von würfeligen Kristallen auf, so auf gestricktem Silber aus der Grube Anton im Heubachtal.
In größeren Mengen fand sich das Mineral in der Wenzelgrube bei Oberwolfach. Berichtet wird von 1/2 Zentner schweren Massen, die ganz aus Silberglanz und Antimonsilber bestanden. Sonst trat es im Wenzelgang häufig in dendriten- und blechartigen Aggregaten eingewachsen in Schwerspat auf. Kubische Kristalle zeigten die Kombination (100) und (111), mitunter auch noch mit (110) und (211). Auch die Gänge der sogenannten edlen Quarzformation im mittleren Schwarzwald führen Silberglanz primärer Entstehung. Genannt seien in diesem Zusammenhang die Gruben Maria Josepha im Einbachtal bei Hausach und Bergmannstrost am Baberast bei Haslach.
Sekundärer Entstehung ist der in der Grube Clara nachgewiesene Silberglanz, der sich im Bereich von korrodiertem Fahlerz in moosartig wirkenden Krusten von schwarzer Farbe fand. Im südlichen Schwarzwald ist als Fundort die Grube Teufelsgrund zu erwähnen, wo das Mineral in Vergesellschaftung mit Rotgültigerz und gediegen Silber auf Quarz vorkam.
Lit.: 48; 130; 168; 191; 193; 195

Zinkblende (Sphalerit)
ZnS; kubisch
Farbe: braun bis schwarz, seltener honigfarben, gelb und farblos; Strich: farblos bis lichtbraun; Härte: 3,5 – 4
Neben Bleiglanz ist die Zinkblende das häufigste Erzmineral im Schwarzwald. Gewöhnlich ist sie eisenreich und daher tiefbraun bis schwärzlich gefärbt. Das gilt auch für ihr Vorkommen im Bereich der Erzgänge am Schauinsland bei Freiburg, wo bis in die Zeit nach dem zweiten Weltkrieg der letzte Blei-Zinkerzbergbau im Schwarzwald umging. Das Mineral tritt hier in besonders gut ausgebildeten Kristallen auf. An Flächenformen werden (110), (100) und (311) genannt. Zwillingsbildung erschwert die Deutung der Kristallformen. Auch in der Grube Teufelsgrund im Untermünstertal kamen schöne Zinkblendekristalle vor. (110) ist die häufigste Flächenform. Sie tritt zum Teil in Kombination mit (100) sowie (111) und ($1\bar{1}1$) auf. Zu erwähnen sind von hier außerdem Pseudomorphosen von Zinkblende nach Kalkspat, Dolomit, Flußspat und Pyrit.

Bild 9. Zinkblende, Schauinsland (54 mm).

In den Gängen des mittleren Schwarzwaldes ist die Zinkblende seltener anzutreffen. Zu den Fundorten gehören die Grube Michael im Weiler bei Lahr, die Grube Bernhard im Hau-

serbachtal, die Grube Wenzel bei Oberwolfach und die Grube Ludwig im Adlersbachtal bei Hausach, wo eisenarme Honigblende in Vergesellschaftung mit Antimonmineralien vorkommt, ähnlich wie in der Antimongrube bei Sulzburg im südlichen Schwarzwald.
Auf einen Fundort sei noch hingewiesen, wo man Zinkblende unmittelbar in einem früher abgebauten hydrothermalen Gang über Tage anstehend beobachten kann. Der Gangaufschluß befindet sich in einem an der Straße gelegenen Steinbruch bei Kropbach im Münstertal im Südschwarzwald. Die schwärzliche, eisenreiche Zinkblende liegt hier in mehr oder minder derber Form vor.
Lit.: 82; 111; 115; 154; 171; 205

Lautit
CuAsS; rhombisch
Farbe: stahlgrau mit rötlichem Stich; Strich: schwarz; Härte: 3 – 3,5
Lautit ist erst in jüngster Zeit im Schwarzwald nachgewiesen worden. Das seltene Mineral fand sich im Steinbruch Hechtsberg bei Hausach im Bereich von vererzten Klüften. Es bildet lamellenförmige, korrodierte Aggregate und ist u.a. mit gediegen Silber, Löllingit, Stromeyerit und Tennantit vergesellschaftet. Der Lautit kann leicht mit Enargit verwechselt werden, so daß sich zur eindeutigen Identifizierung eine genauere Untersuchung empfiehlt.
Lit.: 117

Kupferkies (Chalkopyrit)
$CuFeS_2$; tetragonal
Farbe: messinggelb (manchmal bunt angelaufen); Strich: grünlichschwarz; Härte: 3,5 – 4
Kupferkies ist in vielen Erzgängen des Schwarzwaldes vertreten, nimmt unter den Erzmineralien aber nur selten eine dominierende Stellung ein. In stärkerer Konzentration fand sich das Mineral vor allem in den Gruben Friedrich-Christian und Herrensegen im Wildschapbachtal. Man kann hier drei Kupferkies-Generationen unterscheiden, wobei Kristalle der ältesten Generation durch die Kombination (111), $(1\bar{1}1)$ gekennzeichnet sind. Häufig sind auch Zwillingsbildungen. Ein weiterer Fundort ist die Grube Clara bei Oberwolfach. In den Drusen des Schwerspatganges sind nicht selten kleine Kriställchen von Kupferkies zu finden. Im Oxidationsbereich wandelt sich das Mineral hier wie auch anderenorts in Limonit und Cuprit um, wobei es zur vollständigen Pseudomorphosierung der Kupferkieskristalle durch die genannten Oxide kommen kann. Auch Überkrustungen durch Covellin kommen vor. Im Bergbaurevier von Wittichen ist ebenfalls Kupferkies zu finden, wie z.B. auf den Haldenresten der Grube Johann am Burgfelsen.
Im südlichen Schwarzwald ist Kupferkies u.a. aus den Gängen des Münstertales bekannt geworden, wie z.B. aus der Grube Teufelsgrund. Ein wichtiger Fundort ist daneben die Nickel-Magnetkies-Lagerstätte von Horbach bei St. Blasien, wo man auf den Halden auch heute noch Kupferkies, wenn auch nur in derber Form, mühelos sammeln kann.
Lit.: 3; 83; 100; 130; 168; 187; 195

Fahlerze
Tennantit
$Cu_3AsS_{3,25}$
Tetraedrit
$Cu_3SbS_{3,25}$; kubisch
Farbe: stahlgrau; Strich: schwarz bis rotbraun; Härte: 3 – 4
Fahlerz ist in den Lagerstätten des Schwarzwaldes häufig und es kann sogar, wie in den Gängen von Freudenstadt und Neubulach,

Bild 10. Tetraedrit mit Kupferkiesüberzug, Grube Wenzel bei Oberwolfach (13,6 mm).

zum Haupterzmineral werden. Die schönsten Fahlerzkristalle (silberhaltiger Tetraedrit) lieferte der Wenzelgang bei Oberwolfach. An Flächenformen werden neben dem Tetraeder (111) noch (100), (110), (211) und (411) genannt, außerdem Durchkreuzungszwillinge nach (111). Die tetraedrischen Kristalle erreichten eine Größe von 1,5 cm. Mitunter sind sie von Kupferkies überstäubt. Beschränkte Fundmöglichkeiten bestehen auf der Halde vor dem oberen Stollen der Grube auch heute noch.

In derber Form, aber mitunter auch in kleinen Kristallen, findet sich Fahlerz (antimonhaltiger Tennantit) auch in der Grube Clara. In den obenerwähnten Gängen von Freudenstadt und Neubulach ist das Fahlerz, das hier auch Wismut enthält, ebenfalls meist derb ausgebildet. Ähnlich wie in der Grube Clara lieferte seine Zersetzung eine Fülle von arsenhaltigen Sekundärmineralien. Auch in den Gängen des Wittichener Reviers ist Fahlerz zu finden, ebenso kam es im Gebiet von Rippoldsau vor, wo es kobalt- und wismuthaltig ist (Danielgang im Dehs).

Schließlich ist auch in den Gängen des südlichen Schwarzwaldes Fahlerz nicht selten, vor allem im Gangrevier von Sulzburg (Riester-

und Amaliengrube) und St. Ulrich. Die Riestergrube lieferte Kristalle der Kombination (211), (100) und (110).
Lit.: 42; 61; 80; 91; 109; 130; 132; 168; 187

Greenockit
CdS; hexagonal
Farbe: gelb, orange; Strich: orangegelb; Härte: 3 – 3,5
Der Greenockit ist eine Sekundärbildung, die bei der Verwitterung von cadmiumhaltiger Zinkblende entsteht. Im Schwarzwald ist das Mineral selten. Es fand sich im Bereich der Gänge am Schauinsland bei Freiburg und in der Grube Michael im Weiler bei Lahr. Es bildet erdige Beschläge von gelber bis orangegelber Farbe, die meist im Bereich von angewitterter Zinkblende auftreten.
Lit.: 153; 176

Bild 11. Enargitkristalle in Schwerspat, Grube Clara bei Oberwolfach (30,2 mm).

Enargit
Cu_3AsS_4; rhombisch
Farbe: stahlgrau bis schwarz; Strich: schwarz; Härte: 3,5
Das Vorkommen von Enargit ist im Schwarzwald auf die Grube Clara bei Oberwolfach beschränkt. Das Mineral tritt in Form von langprismatischen Kristallen eingewachsen in Schwerspat auf. Die Länge der zum Teil radialstrahlig angeordneten Kristalle erreicht 3 cm. Oberflächlich sind sie mitunter in Covellin umgewandelt. Hingewiesen sei auf den blendeartigen Glanz, der das Erkennen des Enargits erleichtert.
Zu erwähnen ist, daß der Enargit aus der Grube Clara zunächst für ein neues Mineral gehalten und mit dem Namen Clarit belegt wurde (SANDBERGER 1874). Die Feststellung der Identität des Clarits mit dem bereits 1850 von BREITHAUPT beschriebenen Enargit erfolgte 1895 durch SPENCER, womit der Name Clarit seine Gültigkeit verlor.
Lit.: 128

Magnetkies (Pyrrhotin)
FeS; hexagonal
Farbe: bronzefarben (tombakbraun), matt anlaufend; Strich: grauschwarz; Härte: 4
Magnetkies ist eine wichtige Komponente der liquidmagmatischen Lagerstätten von Horbach westlich St. Blasien und von Todtmoos. Das derb ausgebildete Mineral ist hier mit Pentlandit, Kupferkies, Pyrit und Bravoit vergesellschaftet. Ein Abbau des nickelhaltigen Erzes fand in der Mitte des vergangenen Jahrhunderts statt. Aufschlußarbeiten im Bereich der Grube Friedrich August bei Horbach erbrachten während des 1. Weltkrieges keine günstigen Ergebnisse.
In spärlichen Mengen ist Magnetkies auch in hydrothermalen Gängen des Schwarzwaldes

vertreten, wie in den Blei-Zinkerzgängen am Schauinsland bei Freiburg. Meist ist er indessen in diesen Gängen in Pyrit und Markasit umgewandelt und nur die tafeligen Aggregatformen dieser Umwandlungsprodukte, auf die man des öfteren bei erzmikroskopischen Untersuchungen stößt, verraten sein ehemaliges Vorhandensein. Schließlich sei erwähnt, daß der Magnetkies mitunter auch als akzessorische Gesteinskomponente in Gneisen (vor allem Paragneisen) und Amphiboliten auftritt.
Lit.: 3; 111; 135; 153; 169

Rotnickelkies (Nickelin)
NiAs; hexagonal
Farbe: kupferrot; Strich: bräunlichschwarz; Härte: 5,5
Rotnickelkies ist eine seltene Komponente der Erzgänge im Gebiet von Wittichen. Zu den Fundorten gehört neben der Grube Sophia auch die Grube Anton bei Schiltach. Das Mineral trat in derber Form in weißem Schwerspat auf. In der Grube Gottesehre bei Urberg im südlichen Schwarzwald fand sich Rotnickelkies in Form von millimetergroßen, blattförmig verzweigten Aggregaten, die fast stets von einer Saffloritkruste umhüllt werden. Mischkristalle zwischen Rotnickelkies und der entsprechenden Antimonverbindung, dem Breithauptit, wurden unter der Bezeichnung Arit aus dem Wenzelgang beschrieben. Das Mineral kam dort derb oder in warzigen Aggregaten aufgewachsen auf Kalkspat vor. Reiner Breithauptit fand sich im Tannenbodengang bei Wieden.
Lit.: 48; 115; 127; 130

Millerit
NiS; trigonal
Farbe: messinggelb; Strich: grünlichschwarz; Härte: 3,5
Millerit ist im Schwarzwald eine ausgesprochene Seltenheit. Lange Zeit war nur ein Vorkommen bekannt: die Grube Wenzel bei Oberwolfach. Das Mineral fand sich dort in kleinen „Borsten" auf Kupferkies. Neuerdings ist als zweiter Fundort die Grube Gottesehre bei Urberg hinzugekommen. Von dort liegt ein Einzelfund vor. Es handelt sich um nadelige Kristalle, die büschelförmig in einer Quarzdruse aufgewachsen sind.
Hingewiesen sei auf die Gefahr der Verwechslung des Millerits mit nadelig ausgebildeten Pyritkristallen, wie sie z.B. in der Grube Teufelsgrund gefunden wurden.
Lit.: 115; 130

Bleiglanz (Galenit)
PbS; kubisch
Farbe: metallisch grau (oft dunkel angelaufen); Strich: schwärzlich; Härte: 2,5
Das wichtigste Bleierzmineral, der Bleiglanz, ist im Schwarzwald weit verbreitet. Er enthält Silber in unterschiedlichen Mengen und war daher in früheren Zeiten auch für die Silbergewinnung von Bedeutung. Vielfach ist der Bleiglanz mit Zinkblende vergesellschaftet, vor allem in den Gängen des südlichen Schwarzwaldes. In den Gruben am Schauinsland kamen Kristalle bis 4 cm Kantenlänge der Kombination (100), (111) vor. In ähnlicher Form fand sich das Mineral auch in den Gängen des Münstertales, wie Teufelsgrund und Schindler. Durch einen besonderen Flächenreichtum zeichnen sich die Bleiglanzkristalle aus den Gruben bei Badenweiler aus. So wird die Kombination (100), (310), (611) und (111) von dort erwähnt.

Im mittleren Schwarzwald seien die Grube Wenzel bei Oberwolfach und Friedrich-Christian im Wildschapbachtal als wichtige Fundorte angeführt. Der Bleiglanz vom letztgenannten Fundort enthält zum Teil Einschlüsse von Schapbachit, was zu einem besonders hohen Silbergehalt führt. Oft ist der Bleiglanz

Bild 12. Bleiglanzeinsprenglinge, Grube Wenzel bei Oberwolfach (9,6 mm).

hier ganz oder teilweise in Sekundärprodukte, vor allem Cerussit und Anglesit, umgewandelt. Der neugebildete Cerussit ist mitunter durch feine Bleiglanzeinschlüsse schwärzlich gefärbt (Schwarzbleierz). Auch die Gänge im Revier von Hausach und Haslach führen Bleiglanz, ebenso der mineralreiche Michaelgang im Weiler bei Lahr. Dagegen ist das Gangrevier von Wittichen arm an diesem Mineral, wenn es auch nicht völlig fehlt (Grube Sophia, Johann und Daniel).
Lit.: 82; 83; 111; 115; 130; 131; 154; 171; 205

Miargyrit
$AgSbS_2$; monoklin
Farbe: bleigrau, in Splittern blutrot; Strich: kirschrot; Härte: 2 – 2,5
Miargyrit ist ein seltenes Silbermineral, das bisher nur im Gangrevier von St. Ulrich bei Freiburg (Gründenwald) und von Wieden (Tannenbodengang und Neue-Hoffnung-Gang) nachgewiesen wurde. Im Gründenwald bei St. Ulrich findet sich das Mineral in Form kleiner Einsprenglinge im Quarz, die mit Berthierit vergesellschaftet sind. Fundmöglichkeiten sind dort auch heute noch gegeben. Aus dem Wiedener Revier wurden u.a. kurzsäulige, millimeterlange Kristalle beschrieben. Zur Paragenese gehören gediegen Arsen, Pyrit, Zinkblende, Bleiglanz und Proustit.
Lit.: 48; 118; 172

Schapbachit
$AgBiS_2$; kubisch (Tieftemperatur-Schapbachit rhombisch oder triklin)
Farbe: grauschwarz; Strich: grau; Härte: 2,5
Der Schapbachit gehört zu den Mineralarten, die nach einem Ort im Schwarzwald benannt wurden. Der Originalfundort ist die bei Schapbach gelegene ehemalige Grube Friedrich-Christian. Das Mineral stammte aus dem sogenannten harten Trum, das neben Schapbachit noch Bleiglanz, gediegen Wismut, Wismutglanz, Pyrit und Kupferkies in einer hauptsächlich quarzigen Gangart führte. Kristalle des Minerals waren selten. Es sind Täfelchen, die als rhombisch angesehen wurden. Meist kam der Schapbachit in inniger Verwachsung

mit Bleiglanz vor. Es zeigte sich, daß dies auf einen sich bei abnehmender Temperatur vollziehenden Entmischungsvorgang zurückzuführen ist, bei dem ein ursprünglich einheitlicher, bei höheren Temperaturen gebildeter Mischkristall in zwei Komponenten zerfiel.
Der Plenargyrit, der als monoklines Mineral gleicher Zusammensetzung wie der Schapbachit ebenfalls aus der Grube Friedrich-Christian beschrieben wurde, wird heute als ein Tieftemperatur-Schapbachit gedeutet.
Lit.: 83; 130

Zinnober
HgS; trigonal
Farbe: rot, braun, bleigrau; Strich: rot; Härte: 2 – 2,5
Zinnober, das wichtigste Quecksilbererz-Mineral, war lange Zeit im Schwarzwald unbekannt. Erst in neuester Zeit sind einige Fundorte bekannt geworden. So wurde im nördlichen Schwarzwald das Mineral aus dem Ganggebiet von Neubulach, von der Grube Königswart bei Schönegründ sowie der Silbergrube am Fremersberg bei Baden-Baden beschrieben. Der Zinnober bildet in diesen Fällen erdige Krusten von roter Farbe, die leicht mit Hämatit verwechselt werden können. Es handelt sich stets um Sekundärbildungen, die aus der Zersetzung von quecksilberhaltigem Fahlerz hervorgegangen sind.
Im südlichen Schwarzwald wurde Zinnober auf der Halde des Antonstollens bei Wieden gefunden. Auch hier ist das Mineral pulverig bzw. erdig ausgebildet und wird als Umwandlungsprodukt von Fahlerz angesehen.
Lit.: 88; 118; 190; 203

Covellin (Kupferindig)
CuS; hexagonal
Farbe: blauschwarz; Strich: schwarz; Härte: 1,5 – 2
Covellin ist als Sekundärbildung in vielen Lagerstätten des Schwarzwaldes anzutreffen, wenn auch nie in größeren Mengen. Es entsteht bei der Verwitterung von kupferhaltigen Sulfiden und Sulfosalzen als Zwischenprodukt oder scheidet sich zementativ auf Sulfiden unedlerer Metalle, wie z.B. Pyrit, ab. Es bildet in der Regel Krusten und Anflüge, die durch ihre blauschwarze Farbe auffallen. Zu den Fundorten gehören die Gänge des Gebietes von Wittichen, die Grube Clara bei Oberwolfach und die Grube Friedrich-Christian im Wildschapbachtal, die Gänge von Freudenstadt und Neubulach sowie Menzenschwand im südlichen Schwarzwald. Häufig ist das Mineral auf Kupferkies zu finden. Dank der charakteristischen Farbe ist es relativ leicht zu bestimmen.
Erzmikroskopisch lassen sich zwei Covellinarten unterscheiden: normaler und sogenannter blaubleibender Covellin. Beide sind als selbständige Mineralarten zu betrachten.
Lit.: 115; 130; 189; 190; 193; 195; 203

Violarit
$FeNi_2S_4$; kubisch
Farbe: stahlgrau; Strich: schwärzlichgrau; Härte: 4,5 – 5,5
Violarit tritt als Zersetzungsprodukt von Pentlandit im Bereich der Nickel-Magnetkies-Lagerstätte von Horbach bei St. Blasien auf. Das Mineral ist dort nicht allzu selten, allerdings makroskopisch schwer zu identifizieren. Es verdrängt Pentlandit und ist mit Magnetkies, Pyrit, Markasit und Kupferkies vergesellschaftet.
Lit.: 3

Antimonglanz (Antimonit)
Sb_2S_3; rhombisch
Farbe: metallisch grau; Strich: grauschwarz; Härte: 2

Antimonglanz tritt in Vergesellschaftung mit Bleispießglanzen in hydrothermalen Gängen im südlichen und mittleren Schwarzwald auf. Stets ist Quarz die Hauptgangart dieser Gänge. Der Antimonglanz findet sich in Form von langprismatischen bis nadeligen Kristallen, eingewachsen in der Gangart. Neben den Bleispießglanzen zählen vor allem Pyrit und Arsenkies zu den Begleitmineralien, die beide älter sind als der Antimonglanz und von ihm stellenweise verdrängt werden. Da die Bleispießglanze ähnlich ausgebildet sind, besteht eine erhebliche Verwechslungsgefahr mit diesen. Die besten Antimonglanzkristalle lieferte die Antimongrube bei Sulzburg. Dort wurde das Erz auch in bescheidenen Mengen im 18. Jahrhundert zum Zwecke der Antimongewinnung abgebaut. In dem benachbarten Holderpfadgebiet gibt es Gänge, die ebenfalls Antimonglanz neben Fahlerz und Bleispießglanzen führen.

Weiterhin zu nennen sind im südlichen Schwarzwald der Münstergrund bei St. Trudpert (Untermünstertal) und zwei Vorkommen bei St. Ulrich (Gründenwald, Goldengründle). Im mittleren Schwarzwald gehören zu den Fundorten die Grube Ludwig im Adlersbachtal bei Hausach, wo vor allem die Haldenreste vor dem unteren Stollen antimonglanzreiche Gangstufen lieferten, die Grube Ursula bei Welchensteinach, die Grube Wenzel bei Oberwolfach und der Steinbruch am Artenberg bei Steinach. Auch heute bestehen zum Teil noch Fundmöglichkeiten an den genannten Stellen.
Lit.: 130; 168; 169; 170; 171; 172; 180

Wismutglanz (Bismuthinit)
Bi_2S_3; rhombisch
Farbe: zinnweiß (heller als Antimonglanz); Strich: grau; Härte: 2

Wesentlich seltener als Antimonglanz ist im Schwarzwald Wismutglanz. Das Mineral ist in den Gängen des Gebietes von Wittichen anzutreffen, außerdem kam es in der Grube Friedrich-Christian im Wildschapbachtal (im sogenannten „harten Trum“) und der Grube Käfersteige bei Pforzheim vor. Es bildet nadelige Kristalle, die in Drusen in radialstrahliger Form auch frei aufgewachsen sein können. Mitunter zeigen die Kristalle bunte Anlauffarben oder sie sind angewittert und teilweise in Sekundärprodukte (vor allem in Bismutit

Bild 13. Nadelige Wismutglanzkristalle, teilweise umgewandelt in Mixit, Schmiedestollen-Halde, Wittichen (6,1 mm).

und Mixit) umgewandelt. In der Grube Friedrich-Christian trat der Wismutglanz auch in enger Verwachsung mit Bleiglanz und Schapbachit auf. Erwähnt sei, daß auf der Schmiedestollen-Halde bei Wittichen auch in neuerer Zeit noch Funde von Wismutglanzkristallen gemacht wurden.
Lit.: 122; 130; 190

Pyrit
FeS_2; kubisch
Farbe: speisgelb (manchmal goldgelb oder bunt angelaufen); Strich: grünlichschwarz; Härte: 6 – 6,5
Der Pyrit, der zu den häufigsten sulfidischen Erzmineralien gehört, ist auch im Schwarzwald in vielen Lagerstätten zu finden, in den meisten Fällen indessen weder in großen Mengen, noch in großen Kristallen. In den hydrothermalen Gängen der Blei-Zink-Formation, aber auch in den antimonerzführenden Gängen, ist er eine der ältesten Bildungen. Er kann auch in mehreren Generationen auftreten, wie z.B. im Friedrich-Christian-Gang in Wildschapbach. Kristalle von diesem Fundort zeigen meist die Kombination (210), (100), (111), mitunter mit (421). Auch Durchkreuzungszwillinge sind von dort bekannt geworden. Sonst sind die Kristalle gewöhnlich würfelig ausgebildet. Genannt sei unter den Fundorten im mittleren Schwarzwald auch die Grube Ludwig im Adlersbachtal bei Hausach, wo der Pyrit zumindest teilsweise goldhaltig ist.
Im südlichen Schwarzwald gehören zu den Fundorten die Gänge im Münstertal und am Schauinsland. So werden aus der Grube Teufelsgrund Kristalle der Kombinationen (100) und (111), (100) und (110) sowie (210) und (111) erwähnt. Pyritführende Antimonerzgänge treten bei Sulzburg, im Münstergrund bei St. Trudpert und bei St. Ulrich auf. Auch im Bereich der Nickel-Magnetkies-Lagerstätte von Horbach und Todtmoos kommt das Mineral vor.
Bravoit (nickelhaltiger Pyrit = Mischkristalle der Reihe Pyrit-Vaesit) ist aus dem Gangrevier von Wittichen, aus der Grube Gottesehre bei Urberg und von der Nickel-Magnetkies-Lagerstätte von Horbach bei St. Blasien beschrieben worden.
Lit.: 3; 111; 130; 154; 168; 171; 172

Gersdorffit
NiAsS; kubisch
Farbe: silberweiß bis stahlgrau; Strich: grauschwarz; Härte: 5
Als Fundort des Gersdorffits ist nur der Wenzelgang im Frohnbachtal bei Oberwolfach zu nennen. Der Gersdorffit tritt dort allerdings nicht in reiner Form auf, sondern es liegt eine antimonhaltige Varietät vor (Mischkristalle zwischen Gersdorffit und der entsprechenden Antimonverbindung, dem Ullmannit), die früher als selbständiges Mineral angesehen und mit dem Namen Wolfachit belegt wurde. Das Mineral fand sich in Form kleiner, nicht meßbarer Kristalle und strahliger Aggregate von silberweißer Farbe in Vergesellschaftung mit Dyskrasit und Bleiglanz, eingewachsen in Kalkspat oder als Überzug auf Rotnickelkies.
Ullmannit wurde neuerdings von Wieden (Tannenbodengang) in Form von 0,5 mm großen würfeligen Kristallen beschrieben.
Lit.: 48; 107; 130

Markasit
FeS_2; rhombisch
Farbe: messinggelb mit grünlichem Stich; Strich: grünlich bis schwärzlichgrau; Härte: 6 – 6,5
Der Markasit ist in vielen Erzlagerstätten des Schwarzwaldes vertreten, wenn er auch weni-

ger verbreitet ist als der Pyrit und oft nur eine sehr untergeordnete Komponente bildet. Bei der erzmikroskopischen Untersuchung des Pyrits stellt man häufig fest, daß dieser mit Markasit verwachsen ist oder Einschlüsse dieses Minerals enthält, was makroskopisch nicht zu erkennen ist. Man wird also dort, wo Pyrit auftritt, in der Regel auch mit dem Vorkommen von Markasit rechnen können.
In stärkerer Konzentration fand sich der Markasit neben Pyrit lokal in den Gängen des Schauinslands bei Freiburg. Er überzog hier Erze und Gangmineralien mitunter in dicken Krusten und bildete nierig-traubige Aggregate. In den antimonerzführenden Gängen ist der Markasit neben Pyrit fast immer anzutreffen, wobei er besonders in den Gängen des Holderpfadgebietes bei Sulzburg im südlichen Schwarzwald etwas häufiger ist. Er findet sich hier u.a. zusammen mit Pyrit in Form von Pseudomorphosen nach Magnetkies.
Lit.: 111; 115; 153; 168; 171; 172; 187

Löllingit
$FeAs_2$; rhombisch
Farbe: silberweiß; Strich: grauschwarz; Härte: 5
Löllingit ist eine seltene Komponente der Gänge von Wittichen. Beschrieben wurde er aus der Grube Sophia in Form von kleinen Prismen, die auf Eisenspat sitzen. Weitere Fundorte im mittleren Schwarzwald sind die Grube Wenzel im Frohnbachtal bei Oberwolfach, wo eine kobalt-, antimon- und schwefelhaltige Varietät auftrat, und der Steinbruch Hechtsberg bei Hausach, wo das Mineral in Vergesellschaftung mit Lautit, Tennantit und Kupferglanz in vererzten Klüften bei erzmikroskopischen Untersuchungen nachgewiesen wurde. Die erwähnte Varietät aus der Grube Wenzel wurde früher zunächst als Weißerz, später dann als Geyerit oder Glaukopyrit bezeichnet.
Im südlichen Schwarzwald sind Menzenschwand (Granitsteinbruch beim Vorderdorf, Uranlagerstätte im Krunkelbachtal) und die Kobaltgrube bei Sulzburg als Fundorte zu erwähnen. Im Menzenschwander Granitsteinbruch ist der Löllingit als eine pegmatitisch-pneumatolytische Bildung zu betrachten, in allen anderen Fällen ist er im Schwarzwald hydrothermaler Entstehung.
Lit.: 117; 130; 189; 213

Safflorit
$CoAs_2$; rhombisch
Farbe: lichtstahlgrau; Strich: schwarz; Härte: 4,5 – 5,5

Bild 14. Safflorit, Grube Neuglück, Wittichen (5 mm).

Neben Speiskobalt ist unter den kobalthaltigen Mineralien des Wittichener Reviers auch der Safflorit recht verbreitet. Er neigt zur Eigengestalt und zur Bildung von Drillingen nach (011). Letztere ergeben charakteristische „Sternchen", die besonders in Erzanschliffen auffallen. Der Querschnitt der Einzelkristalle ist rhombenförmig. Nicht selten umschließt das Mineral als jüngere Bildung Speiskobalt oder auch gediegen Wismut. Daneben kommen Verwachsungen mit dem sonst seltenen Alloklas vor (Grube Johann). Als Fundorte im Gebiet von Wittichen seien vor allem genannt: Grube Sophia und Grube Neuglück im Böckelsbachtal, auf deren Halden auch heute noch Fundmöglichkeiten bestehen.

Safflorit fand sich auch im Steinbruch Hechtsberg bei Hausach im Bereich von vererzten Klüften und neuerdings in der Uranlagerstätte von Müllenbach bei Baden-Baden. Im südlichen Schwarzwald tritt Safflorit in der Kobaltgrube bei Sulzburg und in der Grube Gottesehre bei Urberg auf, ebenso wurde er von Menzenschwand beschrieben.

Lit.: 48; 115; 117; 130; 186; 213; 218

Rammelsbergit

$NiAs_2$; rhombisch

Farbe: zinnweiß; Strich: schwarz; Härte: 5,5

Rammelsbergit ist im Gegensatz zur entsprechenden Kobaltverbindung, dem Safflorit, im Schwarzwald sehr selten. Als Hauptfundort ist die Kobaltgrube bei Sulzburg im südlichen Schwarzwald zu betrachten. Der Rammelsbergit ist hier mit sphärolithischen Pechblendeaggregaten vergesellschaftet. Zu den weiteren Begleitmineralien gehören Löllingit, Speiskobalt und Safflorit.

Als Fundort von Rammelsbergit und von Pararammelsbergit, der die gleiche Zusammensetzung hat wie der Rammelsbergit, sich von diesem jedoch in der Struktur unterscheidet, wird auch Wittichen genannt.

Lit.: 79; 213

Arsenkies (Arsenopyrit)

FeAsS; monoklin oder triklin

Farbe: zinnweiß (oft angelaufen); Strich: schwarz; Härte: 5,5 – 6

Arsenkies ist in den hydrothermalen Erzgängen des Schwarzwaldes ein verbreitetes Mineral. Er ist gewöhnlich eines der zuerst gebildeten Erzmineralien in diesen Gängen und meist mit Pyrit vergesellschaftet, mit dem er die „ältere Kiesgeneration" bildet. In größeren Mengen ist der Arsenkies nur selten zu finden. Im allgemeinen begegnet man ihm in Form kleiner Kriställchen, eingewachsen in den Gangarten. Idiomorphe Ausbildung ist häufig zu verzeichnen. Es sind nach der b-Achse mehr oder minder gestreckte Kristalle mit (101) als herrschender Flächenform. Der Querschnitt der Kristalle ist rhombenförmig. Dies und die helle zinnweiße Farbe des Minerals im frischen Zustand erleichtern das Erkennen.

Was die Fundorte anbetrifft, so führen viele Blei-Zinkerzgänge des Schwarzwaldes Arsenkies in geringen Mengen. Dies gilt vor allem für jene Gänge, die man als Quarz-Kies-Fahlerzgänge bezeichnet (Typ Wildsbach im Untermünstertal). Die Halden im Wildsbachtal sind als die ergiebigsten Arsenkies-Fundstellen im Schwarzwald zu betrachten. Auch in den antimonerzführenden Gängen ist in der Regel Arsenkies vertreten. Unter diesen zeichnen sich vor allem jene bei Sulzburg (Antimongrube, Holderpfadgebiet) und im Münstergrund bei St. Trudpert durch eine etwas stärkere Arsenkiesführung aus. Im mittleren Schwarzwald gehört zu den Fundorten auch das Gangrevier von Wittichen.

Lit.: 111; 168; 171; 172

Molybdänglanz (Molybdänit)

MoS_2; hexagonal

Farbe: blaugrau; Strich: dunkelgrau (fein verrieben schmutzig lauchgrün); Härte: 1 – 1,5

Der Molybdänglanz gehört im Schwarzwald zu den ausgesprochenen Seltenheiten. Erstmals erwähnt wurde er von SANDBERGER als Komponente der Magnetkieslagerstätte am Mättle bei Todtmoos, wo er mit Magnetkies und Kupferkies vergesellschaftet ist. In diesem Jahrhundert sind noch vier weitere Fundorte hinzugekommen: Baden-Baden, der Steinbruch Artenberg bei Steinach, die Granitbrüche am Gleichen bei Kandern und der Steinbruch Seider bei Malsburg.

Der Molybdänglanz tritt in der Regel in schuppig-blättrigen Aggregaten auf. Im zuvor erwähnten Steinbruch Seider erreichen diese Aggregate, die an pegmatitische Schlieren im Malsburggranit gebunden sind, eine Größe von 1 cm. Sie sind mit Quarz und Feldspat, seltener mit Kalkspat vergesellschaftet. Als Sekundärbildung findet sich hier Powellit ($CaMoO_4$), der an seiner kräftigen gelben Fluoreszenz erkannt werden kann.

Lit.: 32; 89; 145

Speiskobalt (Skutterudit)

$CoAs_3$; kubisch

Farbe: lichtstahlgrau, dunkel anlaufend; Strich: grauschwarz; Härte: 5,5

Der Speiskobalt ist der wichtigste Kobaltträger im Bereich der Co-Ni-Ag-Bi-U-Erzgänge des Gebietes von Wittichen. Der Kobaltgehalt dieser Gänge erlangte im 18. Jahrhundert eine erhebliche wirtschaftliche Bedeutung und bildete den Anlaß zur Errichtung eines Blaufarbenwerkes bei Wittichen. Kobalterze lieferten verschiedene Gruben des Reviers, u.a. auch die Grube Sophia. Auf den Halden dieser Grube lassen sich Kobalterze auch heute noch finden. Meist tritt Speiskobalt in derber Form auf, wenn auch Kristalle nicht fehlen. So kamen in der Grube Sophia schöne Oktaeder vor und in der Grube „Güte Gottes" würfelige Kristalle, bei denen die Würfelfläche (100) zum Teil mit (111) sowie (110) kombiniert ist. In vielen Fällen ist der Speiskobalt angewittert und in ein Gemenge von Arsenolith und Kobaltblüte umgewandelt, das durch Speiskobaltreste schwärzlich gefärbt ist. Dieses Gemenge wurde früher als schwarzer Erdkobalt bezeichnet.

Speiskobalt tritt auch in der Grube Wenzel bei Oberwolfach und im Bereich der Uranlagerstätte von Müllenbach bei Baden-Baden auf, ebenso gibt es Fundorte im südlichen Schwarzwald (u.a. die Kobaltgrube bei Sulzburg, die Grube Gottesehre bei Urberg, Silbereck bei Wieslet).

Lit.: 130; 138; 168; 187; 213; 218

Proustit (lichtes Rotgültigerz)

Ag_3AsS_3; trigonal

Farbe: scharlach- bis zinnoberrot; Strich: rot (heller als beim Pyrargyrit); Härte: 2,5

Der Proustit und der in der Folge behandelte Pyrargyrit sind wichtige Silberträger, die in nicht wenigen hydrothermalen Erzgängen des Schwarzwaldes auftreten, wenn auch meist nur in geringen Mengen. Der Proustit ist vor allem aus dem Gangrevier von Wittichen bekannt geworden, in neuer Zeit sind jedoch auch beachtliche Funde des Minerals im südlichen Schwarzwald gemacht worden. Auch die Grube Clara bei Oberwolfach gehört zu den Fundorten. Von der Grube Sophia bei Wittichen wurden strahlige und rundliche Aggregate beschrieben neben Kristallen, die als Flächenformen $(11\bar{2}0)$, $(10\bar{1}1)$, $(01\bar{1}2)$, $(02\bar{2}1)$ und $(21\bar{3}1)$ zeigten.

Die oben erwähnten neuen Funde stammen

aus der Grube Anton bei Wieden und der Grube Gottesehre bei Urberg. Schöne Kristalle aus diesen Gruben sind in vielen Sammlungen vertreten. Die in der Grube Gottesehre gefundenen Kristalle, die hell kirschrot gefärbt sind und eine Länge von 1 cm erreichen, waren an Spaltenräume in einem hauptsächlich aus gediegen Arsen bestehenden Erzaggregat von 50 cm Durchmesser gebunden.
Lit.: 48; 115; 130; 191

Bild 15. Pyrargyrit, Grube Wenzel bei Oberwolfach (11,5 mm).

Pyrargyrit (dunkles Rotgültigerz)
Ag_3SbS_3; trigonal
Farbe: dunkelrot, schwarz; Strich: dunkelrot; Härte: 2,5 – 3
Der Pyrargyrit ist in den hydrothermalen Erzgängen des Schwarzwaldes wohl noch etwas weiter verbreitet als der Proustit. Gut ausgebildete Kristalle des Minerals von bis zu 1,5 cm Länge wurden einst in der Grube Wenzel bei Oberwolfach gefunden. Am häufigsten zeigten diese die Kombination $(11\bar{2}0)$ mit $(01\bar{1}2)$ oder $(10\bar{1}1)$. An weiteren Flächenformen wurden bekannt: (0001), $(10\bar{1}0)$, $(01\bar{1}2)$, $(21\bar{3}4)$. Selten wurden Zwillinge nach (1011) beobachtet. Auch die Gänge im Gebiet von Hausach und Haslach führen zum Teil Pyrargyrit. Genannt sei in diesem Zusammenhang neben der Grube Maria Josepha im Einbachtal vor allem der Baberast bei Haslach, wo auch heute noch begrenzte Fundmöglichkeiten bestehen.
Im südlichen Schwarzwald gehören die Grube Teufelsgrund im Münstertal und der Tannenbodengang bei Wieden zu den Fundorten. In letzterem fand sich Pyrargyrit zusammen mit Proustit im Bereich von zwei Silbererzfällen in Vergesellschaftung mit gediegen Silber, Dyskrasit, Silberglanz, Pyrostilpnit, Stephanit, Polybasit, Miargyrit, Fahlerz und anderen, zum Teil seltenen sulfidischen Erzmineralien.
Lit.: 48; 130; 154; 168

Xanthokon
Ag_3AsS_3; monoklin
Farbe: orangegelb bis zinnoberrot; Strich: orangegelb; Härte: 2 – 3
Der Xanthokon, der sich vom formelgleichen Proustit im Kristallsystem unterscheidet, ist nur aus der Grube Sophia im Gangrevier von Wittichen und aus der Grube Gottesehre bei Urberg bekannt geworden. Im Bereich der letztgenannten Grube kam er in Vergesellschaftung mit Proustit in Form von maximal millimetergroßen orangefarbigen Kriställchen vor, die eine keilförmige Ausbildungsform zeigten und gestreifte Flächen aufwiesen.
Lit.: 115; 130

Pyrostilpnit (Feuerblende)
Ag_3SbS_3; monoklin
Farbe: orangerot, rotbraun; Strich: orangegelb; Härte: 2
Dieses Mineral, das in seiner Zusammensetzung dem Pyrargyrit entspricht, ist im Schwarzwald, ähnlich wie in anderen Gebieten, seltener als das dunkle Rotgültigerz. Zwei Gruben im mittleren Schwarzwald, die Grube Wenzel bei Oberwolfach und die Grube Ludwig bei Hausach sowie der Tannenbodengang bei Wieden im südlichen Schwarzwald sind als Fundorte bekannt geworden.
Im Wenzelgang trat das Mineral in Form sehr dünner, tafeliger Kristalle, aufgewachsen auf Rotgültigerz auf. Ähnlich ist die Art des Vorkommens im Tannenbodengang, wo die Pyrostilpnittäfelchen 2 mm Länge erreichen. Von der Grube Ludwig liegt ein Haldenfund vor. Der Pyrostilpnit bildet hier winzige, säulen- bis lattenförmige Kristalle von orangeroter Farbe, die – stellenweise zu baumartig verzweigten Aggregaten vereinigt – auf Quarz sitzen.
Lit.: 48; 130; 191

Emplektit
$Cu_2S \cdot Bi_2S_3$; rhombisch
Farbe: grau; Strich: schwarz; Härte: 2
Es gibt im Schwarzwald eine größere Anzahl von Fundorten dieses Kupferwismuterzes, die alle im mittleren und nördlichen Schwarzwald liegen.
An erster Stelle ist das Gebiet von Wittichen zu nennen (u.a. Grube Daniel im Gallenbachtal, Grube Johann am Burgfelsen, Schmiedestollen-Halde). Der Emplektit ist an die oberen Teufen der dort auftretenden Gänge der Co-Ni-Ag-Bi-U-Formation gebunden. Das Mineral bildet langprismatische, in den Gangarten eingewachsene Kristalle, die vielfach ganz oder teilweise in Bismutit umgewandelt sind.
In ähnlicher Form begegnet man dem Mineral im Bereich der im Deckgebirge aufsetzenden Gänge des nördlichen Schwarzwaldes (Freudenstadt, Grube Königswart bei Schönegründ, Neubulach, Grube Käfersteige bei Pforzheim, Silbergrube am Kälbelberg bei Baden-Baden). Auch hier ist das Mineral häufig in Bismutit umgewandelt. Besonders schöne Pseu-

Bild 16. Emplektit, eingewachsen in Quarz, Wittichen, (7,2 mm).

domorphosen von grünlich gefärbtem Bismutit nach Emplektit sind auf den Haldenresten der Grube Königswart zu finden.
Der Klaprothit, der einst als neues Mineral von der Grube Daniel bei Wittichen beschrieben wurde, hat sich bei neueren Untersuchungen als Emplektit bzw. Gemenge von Emplektit und Wittichenit erwiesen.
Lit.: 80; 88; 101; 130; 162; 187; 190; 218

Wittichenit

$3Cu_2S \cdot Bi_2S_3$; rhombisch

Farbe: bleigrau; Strich: schwarz; Härte: 2,5

Der Wittichenit, der die gleichen Elemente enthält wie der Emplektit (Kupferwismuterz), zählt zu den Mineralien, die nach einem Fundort im Schwarzwald benannt wurden. Die Benennung geht auf KOBELL (1853) zurück. Das Mineral ist in den Erzgängen des Gebietes von Wittichen keine allzu große Seltenheit und kann auch heute noch – wie z.B. auf der Schmiedestollen-Halde – gefunden werden.

Im Gegensatz zum Emplektit neigt der Wittichenit nicht zu idiomorpher Ausbildungsform. Er tritt meist in unregelmäßigen Körnern und Aggregaten auf. Die seltenen Kristalle sind tafelförmig nach (001) ausgebildet und zeigen neben der Basis die Formen (011), (101), (110), (100) und (010). Ähnlich wie beim Emplektit ist häufig eine Umwandlung in Sekundärprodukte zu beobachten (Bismutit, Covellin, Digenit). Unter den Begleitmineralien sind neben Emplektit vor allem Kupferkies und Fahlerz vertreten.

Lit.: 80; 101; 130; 187

Berthierit

$FeS \cdot Sb_2S_3$; rhombisch

Farbe: dunkelgrau, oft bunt angelaufen; Strich: bräunlichgrau; Härte: 2 – 3

Der Berthierit, der in seiner Ausbildungsform den Bleispießglanzen ähnelt, jedoch an Stelle von Blei Eisen enthält, gehört zur Paragenese der antimonerzführenden Gänge im südlichen und mittleren Schwarzwald. In größeren Mengen kommt er im Gründenwald bei St. Ulrich

Bild 17. Witticheniteinsprenglinge in Schwerspat, Schmiedestollen-Halde, Wittichen, (21,3 mm).

Bild 18. Berthieritkristalle in Quarzdruse, Gründenwald bei St. Ulrich (5,3 mm).

südlich von Freiburg vor. Auf den alten Bergbauhalden ist dieses sonst seltene Mineral dort zur Zeit noch mühelos zu finden. Es tritt in Form von nadeligen Kristallen, eingewachsen in der quarzigen Gangart auf. In Drusenräumen des Quarzes finden sich mitunter auch frei aufgewachsene Berthieritnädelchen, die allerdings meist angewittert sind. An weiteren Fundorten des Berthierits seien genannt: Goldengründle bei St. Ulrich, Münstergrund bei St. Trudpert im südlichen und Grube Ursula bei Welschensteinach im mittleren Schwarzwald.
Lit.: 171; 172

Stephanit
$5Ag_2S \cdot Sb_2S_3$; rhombisch
Farbe: bleigrau bis eisenschwarz; Strich: schwarz; Härte: 2,5
Der Stephanit ist ein seltenes Silbermineral, von dem Funde vor allem aus der Grube Wenzel bei Oberwolfach vorliegen. Es kam dort u.a. in gut ausgebildeten Kristallen zusammen mit Kupferkies und Zinkblende auf Fahlerz vor. Die Kristalle zeigen hierbei die Kombination (001), (111), (021), (110) und (112) und sind in der Regel nach (110) verzwillingt. Mit Silberglanz auf Rotgültigerz aufgewachsene Kristalle sind pyramidal ausgebildet und durch die Kombination (111), (021), (110), (010) und (001) gekennzeichnet. Auch

aus dem Gangrevier von Wittichen ist Stephanit bekannt geworden (Grube Sophia bzw. Wheal Copper). Bei erzmikroskopischen Untersuchungen wurde das Mineral außerdem neuerdings als Komponente eines Silbererzfalles im Tannenbodengang bei Wieden nachgewiesen.
Lit.: 48; 130

Bournonit

$2PbS \cdot Cu_2S \cdot Sb_2S_3$; rhombisch
Farbe: stahl- bis bleigrau; Strich: grau; Härte: 3
Der Bournonit ist in den Erzgängen des Schwarzwaldes nur selten anzutreffen. So wurde er in einigen antimonerzführenden Gängen des Schwarzwaldes festgestellt (Antimongrube und Holderpfadgebiet bei Sulzburg, Grube Ludwig im Adlersbachtal bei Hausach). Von Interesse ist die bei einem Fund aus der Grube Ludwig festgestellte Verwachsung zwischen Bournonit und dem seltenen Fizelyit.
In schlecht ausgebildeten Kristallen kam der Bournonit auch in der Grube Teufelsgrund im südlichen Schwarzwald vor. Ebenso soll er in den Gängen der sogenannten edlen Quarzformation des Kinziggebietes gefunden worden sein.
Lit.: 114; 168; 171

Zinckenit

$6PbS \cdot 7Sb_2S_3$; rhombisch
Farbe: bleigrau; Strich: schwarz bis rotbraun; Härte: 3
Der zur Bleispießglanz-Gruppe gehörende Zinckenit ist unter den Mineralien der im mittleren und südlichen Schwarzwald vorkommenden antimonerzführenden Gänge vertreten. Im mittleren Schwarzwald gehören zu den Fundorten dieser Art die Grube Ludwig im Adlersbachtal bei Hausach und die Grube Ursula bei Welschensteinach, im südlichen Schwarzwald die Antimongrube und das Holderpfadgebiet bei Sulzburg, der Münstergrund bei St. Trudpert und das Goldengründle bei St. Ulrich. Das Mineral ist in der Regel mit anderen Gliedern der Bleispießglanz-Gruppe und mit Antimonglanz verwachsen. Als weiteres Vorkommen sei noch der Steinbruch Artenberg bei Steinach genannt. Der Zinckenit fand sich hier in Form von stark längsgestreiften, büschelförmig gruppierten Kristallen, die in einer Quarzdruse aufgewachsen sind und eine Länge von 6 mm erreichen.
Lit.: 171; 172

Jamesonit

$4PbS \cdot FeS \cdot 3Sb_2S_3$; monoklin
Farbe: bleigrau, oft bunt anlaufend;
Strich: grauschwarz; Härte: 2,5
Der wie der Zinckenit zur Bleispießglanz-Gruppe gehörende Jamesonit ist bisher an zwei Stellen im Schwarzwald nachgewiesen worden: im Münstergrund bei St. Trudpert im südlichen Schwarzwald und in der Grube Ludwig im Adlersbachtal bei Hausach im mittleren Schwarzwald. Das Mineral neigt zu nadeliger Ausbildungsform. Meist sind die Nädelchen in Quarz eingewachsen. Auf den Halden im Münstergrund sind jedoch auch in Drusen frei aufgewachsene nadelige Jamesonitkristalle zu finden (Jamesonit-Federerz). Die Nädelchen sind hierbei entweder wirr durcheinander gewachsen oder aber büschelförmig gruppiert. Oberflächlich zeigen sie gewöhnlich einen durch leichte Anwitterung bedingten strohfarbigen Schimmer. Zu den Begleitmineralien des Jamesonits gehören Antimonglanz, Zinckenit und Fahlerz.
Lit.: 171; 172

Semseyit
$9PbS \cdot 4Sb_2S_3$; monoklin
Farbe: bleigrau; Strich: grauschwarz;
Härte: 2,5
Der ebenfalls der Bleispießglanz-Gruppe angehörende Semseyit ist ein recht seltenes Mineral. Es ist daher bemerkenswert, daß es im Schwarzwald ein Vorkommen gibt, die Grube Ludwig im Adlersbachtal bei Hausach, wo der Semseyit das Haupterzmineral ist. Man kann es in Form von Einsprenglingen in Quarz auch heute noch ohne größeren Zeitaufwand auf der Halde vor dem oberen Stollen finden. Der Semseyit zeigt in der Regel keine spießige, langprismatische Kristallform, wie die meisten anderen Vertreter der Bleispießglanz-Gruppe. Die Kornform ist im allgemeinen mehr oder minder isometrisch oder unregelmäßig. Selten liegen unvollständig ausgebildete Kristalle mit rhombischem oder sechsseitigem Querschnitt vor. Mitunter weist das Mineral bunte Anlauffarben auf. Bei manchen Körnern tritt eine blättrige Absonderung in Erscheinung. Der Semseyit ist mit Pyrit, Zinkblende, Bournonit und Andorit verwachsen und verdrängt als jüngere Bildung diese Mineralien. Auch Verwachsungen mit jüngerem Jamesonit kommen vor.
Im südlichen Schwarzwald gibt es ebenfalls einen Semseyitfundpunkt: die Antimongrube bei Sulzburg. Hier ist der Semseyit aber nur eine untergeordnete Komponente der Paragenese.
Lit.: 171

Boulangerit
$5PbS \cdot 2Sb_2S_3$; monoklin (pseudorhombisch)
Farbe: bleigrau; Strich: schwarz; Härte: 2,5
Der Boulangerit ist aus den antimonerzführenden Gängen des südlichen Schwarzwaldes beschrieben worden, außerdem als seltene Schwermineralkomponente aus dem Rotliegenden von Schramberg. Relativ häufig ist er in der Antimongrube bei Sulzburg, wo er in säuligen bis nadeligen Kristallen vorkommt, die in die quarzige Gangart eingewachsen sind. Ebenso ist er in den Gängen des benachbarten Holderpfadgebietes zu finden. Unter den Erzmineralien ist er eine verhältnismäßig späte Bildung. Er umschließt und verdrängt neben Pyrit Antimonglanz und die vor ihm gebildeten bleiärmeren Bleispießglanz-Mineralien Zinckenit und Plagionit. Fundmöglichkeiten im Bereich der genannten Vorkommen bei Sulzburg sind auch heute noch gegeben. Schwierigkeiten bereitet allerdings die eindeutige Identifizierung des Boulangerits, da er im Aussehen anderen Gliedern der Bleispießglanz-Gruppe und auch dem Antimonglanz ähnelt.
Lit.: 164; 171

Realgar
AsS; monoklin
Farbe: rot, orangerot; Strich: orangegelb;
Härte: 1,5 – 2
Der Realgar, der primär in hydrothermalen Gängen niedriger Bildungstemperatur auftritt, ist in den Lagerstätten des Schwarzwaldes nur in spärlichen Mengen anzutreffen. Zum Teil ist er sekundärer Natur. Erwähnt wird er unter den Mineralien des Bergbaugebiets von Wittichen (Grube Sophia, Grube Neuglück in der Reinerzau), außerdem von der Grube Michael im Weiler bei Lahr und der Grube Teufelsgrund im Münstertal. Im Bereich der Grube Sophia fand sich das Mineral auf Granitklüften und auf Speiskobalt. In der Grube Teufelsgrund trat es als zarter zinnoberroter Anflug auf Schwerspat und Flußspat in Erscheinung.
Auf Stufen aus der Grube Michael ist der

Realgar zum Teil mit Auripigment vergesellschaftet, der sich aus dem AsS im Zuge des bekannten Umwandlungsvorganges gebildet haben dürfte. Sonst wird Auripigment noch von der Grube Dreikönigstern erwähnt, wo sich das Mineral in kleinen gelben Kristallschüppchen als Zersetzungsprodukt von Proustit fand. Lit.: 111; 130; 193; 205

Metastibnit

Sb_2S_3; amorph

Farbe: karminrot; Strich: rot; Härte: 2 – 3

Dieses seltene amorphe Mineral, das wie der Antimonglanz zusammengesetzt ist und in diesen beim Erhitzen auch übergeht, ist vor allem im Bereich des Gründenwaldes bei St. Ulrich zu finden. Es ist ein Zersetzungsprodukt des dort recht häufigen Berthierits und bildet karminrote Krusten von mehr oder minder erdiger Beschaffenheit auf Quarz. Senarmontit gehört zu den Begleitmineralien. In ähnlicher Form begegnet man dem Mineral auch auf den Halden im Goldengründle bei St. Ulrich. Im mittleren Schwarzwald ist außerdem die Grube Ludwig im Adlersbachtal bei Hausach als Metastibnit-Fundort zu nennen. Lit.: 171; 172

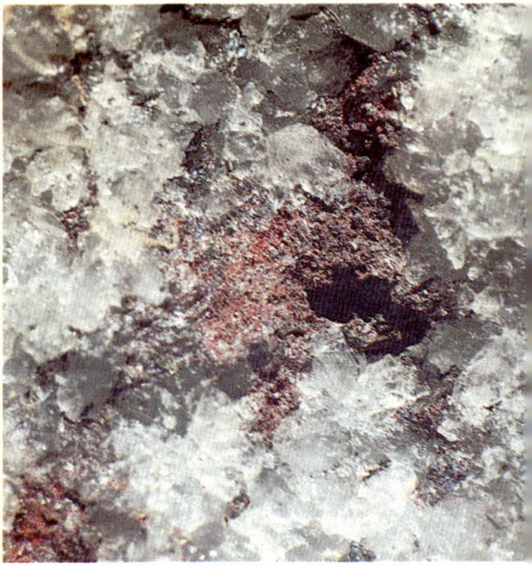

Bild 19. Metastibnit, krustenförmig auf Quarz, Gründenwald bei St. Ulrich (7,8 mm).

Halogenide

Sellait

MgF_2; tetragonal

Farbe: farblos, weiß; Härte: 5

Dieses sonst recht seltene Mineral ist neuerdings in größeren Mengen in der Grube Clara gefunden worden, wo es mit Flußspat vergesellschaftet ist. Es bildet vorwiegend radialstrahlige Aggregate, die von Flußspat überkrustet und auch unter Pseudomorphosenbildung verdrängt werden. Die Sellaitaggregate

erreichen eine Größe von mehreren Dezimetern. Sie sind hauptsächlich an die zentralen Partien eines Flußspatganges gebunden, der den Schwerspatgang etwa von der 9. Sohle ab nach der Teufe zu begleitet.
Lit.: 99; 195

Flußspat (Fluorit)
CaF_2; kubisch
Farbe: verschieden; Strich: weiß; Härte: 4
Flußspat ist in den hydrothermalen Gängen des Schwarzwaldes als Gangart weit verbreitet. Als wichtiger Rohstoff wird er an verschiedenen Stellen, vor allem im südlichen Schwarzwald, abgebaut. Der Flußspatbergbau ist neueren Datums. Er hat den früheren Erzbergbau im Schwarzwald abgelöst, inzwischen allerdings seinen Höhepunkt überschritten.
Der Flußspat findet sich relativ oft in gut ausgebildeten würfeligen Kristallen wie im Bereich der Grube Clara bei Oberwolfach, im Gebiet von Oberkirch und an vielen Stellen im südlichen Schwarzwald. Daneben gibt es aber auch Kristalle mit anderen Flächenformen. Bekannt sind die durch das Auftreten von Hexakisoktaedern gekennzeichneten Kristalle aus der Grube Teufelsgrund im Münstertal. Auch aus dem Gebiet von Badenweiler und Wittichen und aus der Grube Friedrich-Christian sind flächenreichere Kristalle beschrieben worden, so vom letztgenannten Fundort die Kombinationen (100), (731); (100), (111); (100), (211) und (100), (421). Durch radioaktive Einwirkung violett gefärbter „Stinkspat" kommt überall dort vor, wo der Flußspat mit radioaktiven Mineralien vergesellschaftet ist, wie in den Gängen des Gebietes von Wittichen und Menzenschwand.
Lit.: 56; 57; 83; 91; 99; 111; 115; 122; 130; 154; 169; 215

Oxide und Hydroxide

Cuprit
Cu_2O; kubisch
Farbe: rot, braunrot; Strich: braunrot; Härte: 3,5 – 4
Cuprit entsteht als Sekundärbildung bei der Oxidation von sulfidischen Kupfermineralien. Es ist auch im Schwarzwald in Lagerstätten zu finden, die entsprechende Primärerze führen, tritt allerdings nie in größeren Mengen auf. Meist bildet das Mineral nur Krusten und Anflüge, wobei es des öfteren mit Malachit vergesellschaftet ist. Gut ausgebildete oktaedrische Kristalle sind aus der Grube Clara bekannt geworden, wo das Mineral auch in Form der haarförmigen Kupferblüte (Chalkotrichit) auftritt. An weiteren Fundorten seien erwähnt: Wittichen, Grube Friedrich-Christian im Wildschapbachtal, Freudenstadt (Grube Dorothea), Neubulach. Im südlichen Schwarzwald ist Cuprit als Ziegelerzkomponente unter den Mineralien von Badenweiler vertreten.
Lit.: 130; 190; 193; 195; 203

Bild 20. Tenorit mit Verdrängungsresten von Malachit, Neubulach (12 mm).

Tenorit

CuO; monoklin

Farbe: schwarz; Strich: schwärzlich; Härte: 3,5

Der Tenorit ist als Sekundärbildung im Bereich von kupferführenden Erzgängen weniger verbreitet als der zuvor behandelte Cuprit. Nur im Gangrevier von Neubulach ist das Verhältnis zwischen den beiden Mineralien umgekehrt. Der Tenorit findet sich hier in derber Form, liegt aber auch in radialstrahligen, blättrigen bis säuligen Aggregaten vor, bei denen es sich zumindest teilweise um Pseudomorphosen nach Azurit sowie Mixit und Chlorotil handelt. Als weitere Fundorte sind die Grube Friedrich-Christian und die benachbarte Grube Herrensegen im Wildschapbachtal zu nennen. Das Mineral tritt dort in traubigen Aggregaten und Dendriten in Vergesellschaftung mit Malachit auf und ist teilweise aus letzterem hervorgegangen.

Lit.: 130; 203

Delafossit

$CuFeO_2$; trigonal

Farbe: schwarz; Strich: schwarz; Härte: 4,5

Der Delafossit gehört zur Sekundärparagenese der Grube Clara bei Oberwolfach. Das Mineral bildet schwarze Sphärolithe, die aus blättrigen Aggregaten bestehen. Auch in Form von radialstrahlig angeordneten nadeligen Kristallen wurde das Mineral beobachtet. Meist ist es mit Brauneisen vergesellschaftet und zusammen mit diesem auf Schwerspat aufgewachsen. Die Bestimmung des Minerals ist nicht ganz einfach. Einen gewissen Anhaltspunkt bietet der mehr oder minder blendeartige Glanz.

Erwähnt sei, daß Delafossit in schlecht kristallisierter Form auch auf der Schmiedestollen-Halde im Gebiet von Wittichen gefunden wurde.

Lit.: 193; 195

Bild 21. Delafossit, Grube Clara bei Oberwolfach (3,8 mm).

Valentinit

Sb_2O_3; rhombisch

Farbe: weißlich, gelblich; Härte: 2 – 3

Valentinit ist als Sekundärmineral in antimonreichen hydrothermalen Erzgängen anzutreffen, im Schwarzwald indessen stets nur in sehr geringen Mengen. Im mittleren Schwarzwald sind die Grube Wenzel bei Oberwolfach, die Grube Ludwig im Adlersbachtal bei Hausach und die Grube Ursula bei Welschensteinach als Fundorte bekannt geworden. Vom erstgenannten Fundort wird das Mineral in weißen, stark perlmutterglänzenden, blättrigstrahligen Aggregaten auf zersetztem Fahlerz erwähnt.

Im südlichen Schwarzwald kommt Valentinit in Form von knapp millimeterlangen prismatischen Kristallen in der Antimongrube bei Sulzburg vor. Außerdem wird das Mineral aus dem benachbarten Holderpfadgebiet und vom Goldegründle bei St. Ulrich beschrieben.

Lit.: 130; 171; 172

Arsenolith

As_2O_3; kubisch

Farbe: weiß, gelblich, farblos; Härte: 1,5

Dieses Sekundärmineral ist im Schwarzwald bisher nur im Bergbaugebiet von Wittichen nachgewiesen worden. Es findet sich dort vor allem als Komponente von schwärzlichen Zersetzungsprodukten, die aus kobalthaltigen Arseniden hervorgegangen sind. Oft liegt das Mineral in gut ausgebildeten, oktaedrischen Kristallen vor, die allerdings nur eine geringe Größe erreichen. Kobaltblüte ist ein häufiges Begleitmineral.

Lit.: 130; 193

Senarmontit

Sb_2O_3; kubisch

Farbe: weiß, grau; Härte: 2

Der Senarmontit, dem die gleiche Zusammensetzung zukommt wie dem Valentinit, ist eine seltene Sekundärbildung, die in den antimonerzführenden Gängen bei St. Ulrich im südlichen Schwarzwald (Gründenwald, Goldengründle) festgestellt wurde. Im Gründenwald kommen gut ausgebildete, oktaedrische Kristalle vor, wenn auch nur in mikroskopischen Dimensionen. Zu den Begleitmineralien gehört u.a. Metastibnit, der den Senarmontit mitunter als jüngere Bildung überkrustet.

Lit.: 172

Hämatit (Eisenglanz)

Fe_2O_3; trigonal

Farbe: stahlgrau, in derber Form rot; Strich: kirschrot; Härte: 6,5

Hämatit ist im Schwarzwald sehr häufig. Er ist die färbende Komponente vieler Gesteine, so auch der rötlichen Granite und des Buntsandsteins. Er fehlt wohl in keiner Lagerstätte, tritt

Bild 22. Hämatit, Grube Otto (Schottenhöfe) bei Zell am Harmersbach (10,5 mm).

Bild 23. Hämatit, Menzenschwand (Krunkelbachtal) (5 mm).

in diesen aber mengenmäßig meist nicht stärker hervor. Oft beschränkt sich sein Vorkommen auf Einschlüsse im Schwerspat, dessen rötliche Färbung er bedingt. Mitunter findet er sich auch in schuppigen, rosettenförmigen Aggregaten (Eisenglimmer) in Drusenräumen der Gangarten, so z.B. im Gebiet von Wittichen.
Daneben gibt es aber auch hydrothermale Gänge, in denen er das Haupterzmineral bildet. Aus solchen Gängen wurde er in früheren Zeiten bergmännisch gewonnen. Zu den Vorkommen dieser Art gehören Gänge im Kinziggebiet, wie am Hochberg nördlich von Halbmeil, im Gebiet von Zell am Harmersbach (Grube Otto bei den Schottenhöfen) und Eisenbach bei Neustadt. Er ist in diesen Fällen oft mit Manganerzen und auch Brauneisen vergesellschaftet. Die Ausbildungsform des Hämatits ist hierbei nicht selten glaskopfartig (roter Glaskopf). Stellenweise kommen aber auch tafelförmige Kristalle vor. Gute Fundmöglichkeiten bestehen auch heute noch an den zuvor genannten Stellen, wobei insbesondere die Grube Rappenloch bei Eisenbach hervorzuheben ist.
Lit.: 21; 109; 130; 168; 188

Bindheimit

$Pb_{1-2}Sb_{2-1}(O, OH, H_2O)_{6-7}$ kubisch
Farbe: gelb, braun; Strich: blaßgelb bis weißlich; Härte: 4

Bild 24. Bindheimit, krustenförmig auf Quarz, Grube Friedrich-Christian im Wildschapbachtal (6,9 mm).

Der Bindheimit ist in den antimonerzführenden Gängen des Schwarzwaldes als Sekundärmineral relativ häufig. Voraussetzung für seine Bildung ist das Vorhandensein von blei- und antimonhaltigen Mineralien in der Primärparagenese. Zu den Fundorten gehören im mittleren Schwarzwald die Grube Ludwig im Adlersbachtal bei Hausach und die Grube Ursula bei Welschensteinach, im südlichen Schwarzwald die Antimongrube und das Holderpfadgebiet bei Sulzburg sowie der Münstergrund bei St. Trudpert. Außerdem sind noch zwei Vorkommen zu nennen, Grube Friedrich-Christian im Wildschapbachtal und Hofsgrund, wo die Primärparagenese zwar bleireich ist, sich aber nicht durch hohe Antimongehalte auszeichnet. Der Bindheimit bildet stets nur erdige und pulverige Krusten von gelber Farbe, deren Bestimmung schwierig ist. Idiomorphe Kristalle wurden bisher nicht gefunden.
Lit.: 130; 171; 172

Bild 25. „Zerhackter“ Quarz, entstanden durch Verdrängung von Schwerspat, Grube Friedrich-Christian im Wildschapbachtal (13,8 mm).

Quarz
SiO_2; trigonal
Farbe: weiß, farblos, bräunlich u.a; Härte: 7
Der Quarz ist als Gesteinsgemengteil im Schwarzwald fast allgegenwärtig. Er gehört zu den Hauptkomponenten der meisten Gesteine, wobei er im Buntsandstein den größten Anteil erreicht. In dieser Form des Auftretens ist der Sammler an dem Mineral allerdings im allgemeinen nicht interessiert. Ihm kommt es auf größere, möglichst klare und gut ausgebildete Kristalle an. Solche Kristalle sind im Schwarzwald nicht übermäßig häufig. Sie sind an Pegmatitdrusen und Klüfte gebunden, die stellenweise in den Granitmassiven auftreten. Schöne Kristalle dieser Art sind vor allem aus dem Gebiet von Triberg bekannt geworden.
Auch in den Erzgängen des Schwarzwaldes ist der Quarz verbreitet. Größere Kristalle sind indessen in diesen nur selten anzutreffen. Kristallrasen auf Kluftflächen und in Drusen aufgewachsene Kristalle mittlerer Größe sind dagegen recht häufig und können durchaus sammelnswerte Objekte sein. Erwähnung finden möge auch der sogenannte „zerhackte Quarz“, wie er in besonders schöner Form im Friedrich-Christian-Gang im Wildschapbachtal anzutreffen ist. Weggelöste bzw. von Quarz verdrängte tafelige Schwerspatkristalle sind für diese Ausbildungsform verantwortlich.
Was die gefärbten Quarzvarietäten anbetrifft, so sind Funde von violettem Amethyst aus der Grube Clara, der Grube Teufelsgrund und von Bad Sulzburg bekannt geworden.

Auch kryptokristalline Quarzvarietäten (Chalcedone und Jaspise) sind im Schwarzwald anzutreffen. Schöne gebänderte Chalcedone (Achate) sind vor allem aus dem Gebiet von Baden-Baden und vom Hühnersedel (mittlerer Schwarzwald) beschrieben worden. Sie sind an Quarzporphyre (Rhyolithe) gebunden. Karneol findet sich an der Basis des Deckgebirges an vielen Stellen des mittleren und nördlichen Schwarzwaldes.

Auch im Bereich der hydrothermalen Erzgänge tritt mitunter Chalcedon auf, wie z.B. in der Grube Teufelsgrund im Untermünstertal, wo das Mineral durch Einschlüsse von Bleiglanz bläulich gefärbt ist.

Lit.: 91; 108; 109; 111; 113; 115; 130; 137; 171; 178; 205

Rutil

TiO_2; tetragonal

Farbe: braunrot, gelblich, schwarz; Strich: gelblichbraun; Härte: 6

Rutil ist als mikroskopischer Gemengteil in Gesteinen des Grund- und Deckgebirges recht verbreitet. In Graniten und Gneisen findet man ihn zusammen mit den beiden anderen TiO_2-Modifikationen, Anatas und Brookit, vor allem im Bereich von hydrothermal zersetzten und angewitterten Biotiten. Seltener sind Vorkommen, wo der Rutil makroskopisch sichtbar ist und nicht nur unter dem Mikroskop erkannt werden kann. Zu den Fundorten dieser Art gehören das Fuchsköpfle bei Freiburg, Schollach bei Eisenbach und Menzenschwand (Granitsteinbruch). Am Fuchsköpfle kam Ru-

Bild 26. Achat, Steinbruch Geisberg bei Schweighausen (27,2 mm).

til in zentimetergroßen, gerundeten Kristallen mit Prehnit und Datolith auf Spalten eines Amphibolits vor. Im Gebiet von Schollach ist der Rutil an Kalksilikatfelse gebunden. Er bildet darin walnußgroße Körner, die teilweise von einer Titanitrinde umgeben werden. Im Granitsteinbruch von Menzenschwand-Vorderdorf fand sich Rutil in schwarzen Kristallen im Bereich von pegmatitischen Einlagerungen, aufgewachsen auf Orthoklas.
Lit.: 114; 189

Zinnstein

SnO_2; tetragonal
Farbe: meist braun; Strich: weißlich bis gelbbraun; Härte: 7
Zinnstein ist im Schwarzwald selten. Bergbaulich genutzte Lagerstätten dieses wichtigen Zinnerzes gibt es im Schwarzwald überhaupt nicht, wenn auch im Bereich eines Vorkommens, Niederwasser bei Hornberg, Schürfversuche erfolgten und auch von einer Mutung die Rede war. Im Bereich des genannten Vorkommens treten Zinnsteinkristalle in Vergesellschaftung mit violettem Flußspat, Topas und Turmalin auf. Zum Teil liegen Zwillinge (Visiergraupen) vor, wie sie für dieses Mineral charakteristisch sind. Auch in nadeligen Kristallen tritt das Mineral auf. Fundmöglichkeiten sind nur noch in beschränktem Maße gegeben.
Ein weiteres Vorkommen ist aus dem Gebiet von Friedenweiler bei Neustadt bekannt geworden, wo Zinnstein in einer Ruschelzone im Eisenbacher Granit zusammen mit Flußspat, Schwerspat und Hämatit gefunden wurde. In mikroskopischen Dimensionen kommt Zinnstein außerdem am Roßgrabeneck bei Nordrach, am Kohlhäusle im Enztal südlich Wildbad und in einigen Graniten im südlichen Schwarzwald vor.
Lit.: 46; 114; 188; 204

Bild 27. Pyrolusit, Gremmelsbach bei Triberg (11,6 mm).

Pyrolusit

ß-MnO_2; tetragonal
Farbe: dunkelgrau; Strich: schwarz; Härte: in Kristallen 6, derb 2 – 6
Pyrolusit ist eine Komponente der im Schwarzwald nicht allzu seltenen hydrothermalen Gänge der Eisen-Mangan-Formation (Eisenbach, Gremmelsbach, Schottenhöfe bei Zell am Harmersbach, Burgfelsen bei Wittichen, Neuenbürg). Daneben ist er aber auch in Erzgängen anderer Formationen als meist junge Sekundärbildung anzutreffen (Grube Clara). Besonders schöne nadelige bzw. langsäulige Pyrolusitkristalle lieferte der zuvor genannte Fundort Gremmelsbach nördlich von Triberg. Das Mineral ist hier an Manganerztrümer in

Granit gebunden und mit Braunit und Schwerspat vergesellschaftet.
Auch im Gangrevier von Eisenbach sind Pyrolusitkristalle nicht selten und insbesondere auf den Halden der ehemaligen Grube Rappenloch auch heute noch zu finden. Hier ist das Mineral mit Kryptomelan, Hollandit, Braunit, Hausmannit und Scheelit vergesellschaftet. Im Bereich der Brauneisengänge von Neuenbürg, wo stellenweise ebenfalls Manganerze in stärkerer Konzentration vorkamen, tritt Pyrolusit vorwiegend in derber oder erdiger Form auf.
Lit.: 21; 69; 109; 168; 195; 214

Wolframit

$(Fe,Mn)WO_4$; monoklin
Farbe: braunrot, schwarz; Strich: braun bis schwarz; Härte: 5 – 5,5

Bild 28. Wolframit, Gebiet Roßgrabeneck-Schwaigwald bei Nordrach (27,5 mm).

Wolframit ist erst nach dem zweiten Weltkrieg im Schwarzwald entdeckt worden. Seine Hauptverbreitung zeigt das Mineral im Bereich von Turmalin-Quarzadern, die am Roßgrabeneck und im benachbarten Schwaigwald bei Nordrach Gneis und Granit durchsetzen. Er bildet hier bis zu mehrere Zentimeter große, in Quarz eingewachsene Kristalle von meist langprismatischer Ausbildungsform, die mit Scheelit, Hämatit, Zinnstein, gediegen Wismut, Pyrit, Magnetkies und Arsenkies vergesellschaftet sind. Oft ist das Mineral korrodiert und ganz oder teilweise in Hämatit und Scheelit umgewandelt. Auch im Osten des Nordracher Tales ist Wolframit gefunden worden (Denninger nordöstlich Hinterhambach).
Während es sich bei dem im genannten Gebiet auftretenden Wolframit um Mischkristalle mit Ferberit-($FeWO_4$)- und Hübnerit-($MnWO_4$) Anteil handelt, sind die anderen Fundorte durch das Auftreten der reinen Endglieder gekennzeichnet. Es sind dies im mittleren Schwarzwald die Grube Clara, wo sowohl Ferberit als auch Hübnerit nachgewiesen wurden, und die Grube Anton bei Wieden, wo Ferberit in schwarzen, nadeligen bis säuligen Kristallen gefunden wurde. Die Wolframate sind in diesen Fällen bei niedrigeren Temperaturen entstanden als im Gebiet von Nordrach.
Lit.: 87; 181; 188; 195; 204

Pechblende (Uraninit)

UO_2; kubisch
Farbe: schwarz; Strich: bräunlichschwarz; Härte: 4 – 6
Die Pechblende, das wichtigste Uranmineral, tritt an verschiedenen Stellen im Schwarzwald auf. Ihr erster Nachweis im Bereich des Schwarzwaldes erfolgte bereits 1840 (Grube Sophia bei Wittichen). Die nach dem zweiten Weltkrieg einsetzende und bis in die jüngste

Bild 29. Pechblende, Sophia-Halde, Wittichen (5,2 mm)

Zeit anhaltende Prospektionstätigkeit nach Uranerzen führte zur Entdeckung weiterer Vorkommen. Im mittleren Schwarzwald ist es vor allem das Gangrevier von Wittichen, mit dem benachbarten Heubachtal (Grube Anton) und der Reinerzau, das durch das Auftreten von Pechblende gekennzeichnet ist. Hauptfundort ist die Halde vor dem unteren Stollen der Grube Sophia im Böckelsbachtal. Die Pechblende tritt hier teils in erdiger, teils aber auch in sphärolithischer Ausbildungsform auf, wie sie für die Pechblende hydrothermaler Entstehung typisch ist. Zu den häufigeren Begleitmineralien gehören gediegen Wismut und die Kobaltarsenide Speiskobalt und Safflorit.

Im südlichen Schwarzwald findet sich Pechblende im Gebiet von Menzenschwand, vor allem im Krunkelbachtal sowie in der Kobaltgrube bei Sulzburg. Die Lagerstätte von Menzenschwand, die gegenwärtig in Abbau steht, ist ungewöhnlich mineralreich. Sie lieferte im Oxidationsbereich eine Fülle von Sekundärmineralien, darunter auch zahlreiche Seltenheiten. Die wichtigsten Mineralien der Primärparagenese sind neben Pechblende Pyrit und Hämatit sowie die Gangarten Flußspat, Schwerspat und Quarz. Während die bisher erwähnten Vorkommen hydrothermalen Ursprungs sind, ist in neuerer Zeit im nördlichen Schwarzwald (Müllenbach bei Baden-Baden) eine sedimentäre, pechblendeführende Uranlagerstätte bekannt geworden, die an Sandsteine, Arkosen und Tonschiefer des Oberkarbons gebunden ist.

Lit.: 8; 9; 50; 68; 69; 70; 90; 119; 146; 147; 186; 187; 212; 213

Goethit (Nadeleisenerz)

α-FeOOH; rhombisch

Farbe: braun; Strich: braun; Härte 5 – 5,5

Goethit ist im Schwarzwald weit verbreitet. Das Mineral ist die wichtigste Komponente des Brauneisens (Limonits), das fast überall als Sekundärbildung anzutreffen ist. In größeren Mengen tritt Goethit in manchen hydrothermalen Erzgängen auf, wobei das Mineral oft glaskopfartig ausgebildet ist (brauner Glaskopf). An Fundstellen dieser Art seien genannt: Grube Otto (Schottenhöfe) bei Zell am Harmersbach sowie Grube Clara im mittleren und das Ganggebiet von Neuenbürg im nördlichen Schwarzwald.

Im Bereich einiger Gruben findet sich Goethit auch in gut ausgebildeten, wenn auch kleinen Kristallen. So werden aus der Grube Friedrich-Christian im Wildschapbachtal nelkenbraune Kristalle der Kombination (110), (111) und (010) beschrieben. In schwarzen Kristallen, die durch ihren starken Glanz auffallen, tritt das Mineral in der Grube Clara auf. Nicht

Bild 30. Brauneisen (Goethit), Grube Clara bei Oberwolfach (5,9 mm).

selten werden andere Mineralien von Brauneisen bzw. Goethit unter Pseudomorphosenbildung verdrängt. Verbreitet sind vor allem Pseudomorphosen nach Eisenspatrhomboedern und Kupferkieskristallen.
Lit.: 91; 109; 130; 176; 193; 195; 203; 206

Lepidokrokit (Rubinglimmer)
γ-FeOOH; rhombisch
Farbe: rotbraun bis rubinrot; Strich: orange; Härte: 5
Gegenüber dem chemisch gleich zusammengesetzten Goethit ist der Lepidokrokit im Schwarzwald viel seltener. Schöne säulige Kristalle, die Goethit überwachsen, sind aus der Grube Clara bekannt geworden. Es handelt sich um mehr oder minder nach der b-Achse gestreckte Kristalle, die seitlich von (001) und (201) begrenzt werden, während das Kristallende von stark glänzenden (010)-Flächen gebildet wird. Auch im Ganggebiet von Neuenbürg tritt Lepidokrokit auf. Eine häufigere Komponente des dort auftretenden derben und glaskopfartig ausgebildeten Brauneisens ist der Lepidokrokit hingegen nicht, wie dies auch für andere Brauneisenvorkommen des Schwarzwaldes gilt.
Lit.: 109; 195

Heubachit
(Co,Ni)OOH; trigonal
Farbe: schwarz; Strich: braun; Härte: 2,5
Der Heubachit gehört zu den nach einem

Bild 31. Lepidokrokit, Grube Clara bei Oberwolfach (5,5 mm).

Bild 32. Heubachit, Grube Anton, Heubachtal bei Schiltach (2,7 mm).

Fundort im Schwarzwald benannten Mineralien. Nach der neuen Definition ist er allerdings keine selbständige Mineralart, sondern nur eine nickelhaltige Varietät des Heterogenits. Der Heubachit wurde zuerst aus der Grube Anton im Heubachtal bei Schiltach und aus der Grube Eberhard bei Alpirsbach beschrieben. In neuerer Zeit wurde er auch auf der Schmiedestollen-Halde bei Wittichen nachgewiesen.
Der Heubachit bildet schwarze, nierenförmige Krusten, die oberflächlich meist einen firnisartigen Glanz aufweisen. Dieser Glanz sowie der bräunliche Strich erlauben es, das Mineral vom ähnlich ausgebildeten Asbolan und Manganogel zu unterscheiden. Erwähnt sei, daß eine dem Heterogenit in der Zusammensetzung recht nahe kommende Sekundärbildung neuerdings auch im Steinbruch Hechtsberg bei Hausach im Bereich von vererzten Klüften gefunden wurde.
Lit.: 117; 129; 193

Billietit

$BaO \cdot 6UO_3 \cdot 11H_2O$; rhombisch
Farbe: gelb, gelbbraun; Strich: gelb; Härte: 2,5
Der Hauptfundort des Billietits im Schwarzwald ist die Uranlagerstätte im Krunkelbachtal bei Menzenschwand, wo das Mineral unter den Sekundärbildungen nicht allzu selten ist. Es bildet tafelige Kristalle mit sechsseitigem Querschnitt, die oft verzwillingt sind. Daneben findet es sich auch in Form von gelbbraunen,

Bild 33. Billietit (gelb) mit Studtit (weiß), Menzenschwand (Krunkelbachtal) (1,8 mm).

erdigen Krusten. Im UV-Licht weist der Billietit keine Fluoreszenz auf.
Chemische Analysen zeigen, daß der Billietit von Menzenschwand mitunter etwas bleihaltig ist. Es liegen in solchen Fällen Mischkristalle zwischen Billietit und Vandendriesscheit vor. Billietit und Mischkristalle der genannten Art wurden als große Seltenheit auch auf der Sophia-Halde im Gebiet von Wittichen gefunden.
Lit.: 9; 189; 198

Karbonate

Eisenspat

$FeCO_3$; trigonal
Farbe: gelblichweiß, grau, bräunlich; Härte: 4 – 4,5
Eisenspat ist in den Paragenesen der hydrothermalen Erzgänge des Schwarzwaldes recht häufig vertreten, tritt indessen nur in relativ wenigen Gängen in größeren Mengen auf. Im Oberflächenbereich der Gänge ist er oft in Brauneisen umgewandelt und nur Pseudomorphosen weisen auf sein ehemaliges Vorhandensein hin. Erst in der Teufe der Gänge findet er sich dann noch in unverwittertem Zustand, wie dies für die im Buntsandstein aufsetzenden Gänge bei Pforzheim und ebenso für die brauneisenreichen Gänge im Gelbachgebiet im mittleren Schwarzwald gilt.
Soweit das Mineral in Kristallen auftritt, sind es in der Regel sattelförmig gekrümmte Rhomboeder. Kristalle dieser Art wurden z.B. aus der Grube Friedrich-Christian im Wildschapbachtal und auch aus dem Gangrevier von Wittichen beschrieben. Auch in den Erzgängen des südlichen Schwarzwaldes ist Eisenspat vorhanden. In größeren Mengen kam er vor allem in der Grube Riggenbach im Untermünstertal vor. Auch in anderen Gängen des Untermünstertales ist er in stärkerer Konzentration vertreten. Man kann hier zum Teil drei verschiedene Generationen des Minerals voneinander unterscheiden.
Lit.: 91; 111; 115; 130; 168; 172; 187

Kalkspat

$CaCO_3$; trigonal
Farbe: farblos, weiß, gelblich, bräunlich; Härte: 3
Kalkspat gehört in den hydrothermalen Gängen des Schwarzwaldes zu den wichtigsten

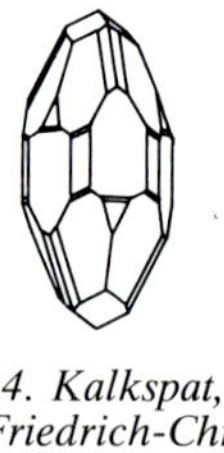

Bild 34. Kalkspat, Grube Friedrich-Christian im Wildschapbachtal (nach SANSONI).

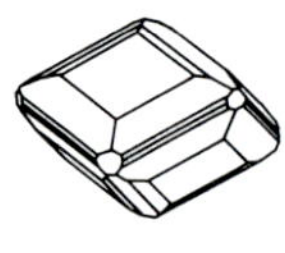

Bild 35. Kalkspat, Grube Teufelsgrund, Münstertal (nach SANSONI).

Bild 36. Kalkspat, sphärolithisch, Steinbruch bei Baiersbronn (21,3 mm).

Gangarten, wenn er auch unter diesen im allgemeinen nicht die Hauptrolle spielt. Zu den Gängen, in denen der Kalkspat in größeren Mengen auftritt, gehören der Wenzelgang im Frohnbachtal bei Oberwolfach und der Gang der Grube Gottesehre bei Urberg im südlichen Schwarzwald. In diesen Gängen findet sich der Kalkspat in mehreren Generationen, die durch unterschiedliche Ausbildungsform gekennzeichnet sind. So weisen im Wenzelgang die Kristalle der ersten Generation meist die Flächen $(21\bar{3}1)$ und $(10\bar{1}1)$ auf, die der zweiten neben $(21\bar{3}1)$ zum Teil noch $(022\bar{2}1)$, $(10\bar{1}1)$ und $(40\bar{4}1)$. Die klaren Kristalle der jüngsten dritten Generation zeigen die Kombination $(10\bar{1}0)$, $(21\bar{3}1)$ und $(01\bar{1}2)$. In der Grube Gottesehre tritt der Kalkspat zudem als sekundäre Bildung in wasserklaren Kristallen auf. Diese Kristalle sind besonders flächenreich und mitunter auch verzwillingt.

Im Ganggebiet von Wittichen, in der Grube Friedrich-Christian im mittleren und der Grube Teufelsgrund im südlichen Schwarzwald ist Kalkspat ebenfalls vertreten. Flächenreichere Kristalle sind auch von diesen Fundorten bekannt geworden. Als weiterer Fundort sei noch der Steinbruch Artenberg bei Steinach angeführt, wo im Bereich hydrothermal mine-

ralisierter Klüfte neben skalenoedrischen Kristallen relativ große Kalkspatrhomboeder von weißer bis violetter Farbe vorkommen.
Lit.: 82; 111; 115; 130; 133; 168; 169; 187; 203

Dolomit
$CaMg(CO_3)_2$; trigonal
Farbe: farblos, weiß, bräunlich; Härte: 3,5 – 4
Ähnlich wie der Kalkspat tritt auch Dolomit in vielen hydrothermalen Gängen des Schwarzwaldes als Gangart auf. Er ist seltener als der Kalkspat und oft die jüngste Bildung der Primärparagenese. Man findet ihn demzufolge in Drusen aufgewachsen auf den älteren Gangarten. Im Gegensatz zum Kalkspat kommt er nur in rhomboedrischen Kristallen vor, die zum Teil sattelförmig gekrümmt sind. Untersucht man ihn genauer, so stellt man vielfach einen Eisengehalt fest (Ankerit bzw. Braunspat). Als Fundorte erwähnt seien das Gangrevier von Wittichen und der Wenzelgang im Frohnbachtal, wo eisenhaltiger Dolomit jeweils in zwei Generationen auftritt, die Grube Friedrich-Christian im Wildschapbachtal sowie im südlichen Schwarzwald die Grube Teufelsgrund und die Gänge am Schauinsland. Pseudomorphosen von Dolomit bzw. Braunspat nach Kalkspat werden aus dem Teufelsgrund- und dem Wenzelgang erwähnt, aus dem letzteren außerdem solche nach nadeligen Anhydritkristallen.
Lit.: 52; 111; 115; 168; 169

Aragonit
$CaCO_3$; rhombisch
Farbe: weiß, grau, bräunlich; Härte: 3,5 – 4
Der Aragonit ist im Schwarzwald ein nicht allzu häufiges Mineral. Die Vorkommen sind im wesentlichen auf hydrothermale Erzgänge beschränkt. So fand sich Aragonit in alten Stollen im Schauinslandgebiet und in der Grube Gottesehre bei Urberg. In Form der sogenannten Eisenblüte wird das Mineral von der Grube Michael im Weiler bei Lahr und von St. Trudpert (Metzenbach) im Münstertal genannt.
Ein Einzelfund liegt auch aus dem Gebiet von Wittichen vor (Halde der Grube Neuglück). Es handelt sich um frei aufgewachsene, farblose Kristalle von langprismatischer Ausbildungsform. In maximal 4 mm langen säuligen bis nadeligen Einzelkristallen und büschelförmigen Aggregaten, die auf Kobaltblüte aufgewachsen sind, wurde Aragonit auch im Bereich von vererzten Klüften im Steinbruch Hechtsberg bei Hausach gefunden. Schließlich sei erwähnt, daß der sich aus den Thermalwässern von Baden-Baden bildende Sinter teilweise aus Aragonit besteht.
Lit.: 52; 71; 114; 115; 193

Cerussit
$PbCO_3$; rhombisch
Farbe: farblos, weiß, schwärzlich; Härte: 3 – 3,5
Der zur rhombischen Aragonitreihe gehörende Cerussit ist ein verbreitetes Sekundärmineral, das bei der Zersetzung von Bleiglanz gebildet wird. Man findet es demzufolge im Oxidationsbereich der Blei-Zink-Erzgänge des Schwarzwaldes, oft in Vergesellschaftung

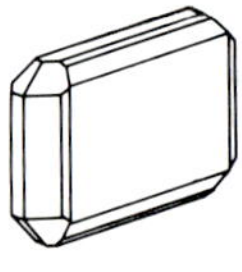

Bild 37. Cerussit, Grube Hausbaden bei Badenweiler (nach LIWEH).

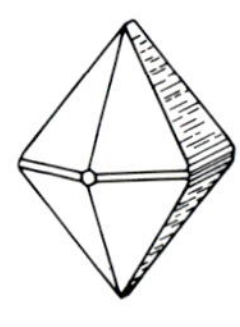

Bild 38. Cerussit, Grube Pfingstsegen bei Aitern (nach MAIER).

mit anderen sekundären Bleimineralien,wie Anglesit, Pyromorphit und Mimetesit. Die Form der Kristalle ist sehr verschiedenartig, wobei neben Pinakoidal- und Prismenflächen auch Pyramidenflächen auftreten. Recht häufig begegnet man säulenförmigen Kristallen. Von den zahlreichen Fundorten seien im folgenden nur einige angegeben, die auch heute noch Fundmöglichkeiten bieten: Grube Friedrich-Christian im Wildschapbachtal, Grube Michael im Weiler bei Lahr, Badenweiler und Hofsgrund. Besonders flächenreiche Kristalle wurden von Badenweiler sowie der Grube Pfingstsegen bei Aitern beschrieben. Zu den häufigsten Flächenformen gehören (100), (010), (001), (110), (130), (021), (041) und (111). Auch Zwillinge nach (110) sind verbreitet.
Lit.: 14; 52; 83; 93; 94; 111; 115; 130; 176; 195

Azurit (Kupferlasur)
$Cu_3(OH)_2(CO_3)_2$; monoklin
Farbe: blau; Strich: hellblau; Härte: 3,5 – 4
Der Azurit gehört zu den im Schwarzwald an vielen Stellen zu findenden sekundären Kupfermineralien, ist indessen nicht so verbreitet wie der Malachit. Besonders oft begegnet man ihm im Bereich der im Deckgebirge aufsetzenden Gänge des nördlichen Schwarzwaldes und hier wiederum vor allem im Gangrevier von Neubulach. Von dort sind auch gut ausgebildete Kristalle bekannt geworden. Bei diesen handelt es sich u.a. um Kombinationen der Flächen (010), (110), (001) und (013). Der Azurit ist im Gebiet von Neubulach meist mit Malachit vergesellschaftet und wird mitunter von diesem unter Pseudomorphosenbildung verdrängt.
Auch in der Grube Clara kam lokal Azurit in stärkerer Konzentration vor. Sphärolithische

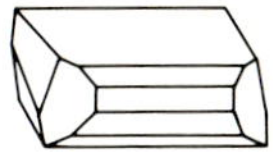

Bild 39. Azurit, Neubulach (nach Levy).

Bild 40. Azurit, Grube Clara bei Oberwolfach (7,2 mm).

Ausbildungsform herrscht hier vor. An weiteren Fundorten seien genannt: Grube Friedrich-Christian im Wildschapbachtal und Bad Rippoldsau.
Lit.: 42; 91; 109; 132; 168

Malachit
$Cu_2(OH)_2CO_3$; monoklin
Farbe: grün; Strich: grün; Härte: 4

Von den zahlreichen Fundorten können hier nur wenige angeführt werden. In der Grube Clara bei Oberwolfach tritt der Malachit meist in Büscheln nadeliger Kristalle oder sphärolithischen Aggregatformen auf. Genannt sei ferner die Grube Friedrich-Christian im Wildschapbachtal, wo besonders schöne Malachitstufen mit etwas Glück noch auf der Halde zu finden sind. Von diesem Fundort wurden bis

Bild 41. Malachit, Flußspatgrube Gallenbach bei Wittichen (4,2 mm).

Bild 42. Aurichalcit, Schauinsland (3,6 mm).

Der Malachit ist das häufigste sekundäre Kupfermineral, das praktisch in allen kupferführenden Lagerstätten des Schwarzwaldes als Umwandlungsprodukt primärer Kupfersulfide anzutreffen ist. Sofern es idiomorph ausgebildet ist, tritt das Mineral in nadeligen Kriställchen auf, die zu radialstrahligen Aggregatformen neigen. Auch derbe Krusten sind verbreitet.

knapp 1 cm lange Kristalle der Kombination (110) und (001), z.T. auch mit (100), beschrieben. Sehr häufig ist der Malachit auch im Bereich der im Deckgebirge aufsetzenden Gänge von Freudenstadt und Neubulach.
Lit.: 42; 83; 91; 109; 114; 115; 130; 132; 176; 187; 190; 193; 195; 203

Aurichalcit
$(Zn,Cu)_5(OH)_6(CO_3)_2$; rhombisch
Farbe: blaßgrün bis blaugrün; Härte: 1 – 2
Schon vor längerer Zeit ist Aurichalcit aus dem Teufelsgrunder Gang im Münstertal als Seltenheit beschrieben worden. Er kam in blaugrünen bis grünlichgrauen Blättchen von 0,5 mm Durchmesser auf Flußspat und Schwerspat vor. In neuerer Zeit wurde Aurichalcit außerdem am Schauinsland und in der inzwischen aufgelassenen Flußspatgrube Brandenberg bei Todtnau gefunden. Auch hier handelt es sich um blättchenförmige Aggregate. Sie sind grün bis blaßgrün gefärbt und zum Teil rosettenförmig gruppiert. Der mitunter recht deutlich zum Ausdruck kommende perlmutterartige Glanz der Aggregate erleichtert die Bestimmung des Minerals.
Lit.: 114; 178

Bismutit
$Bi_2O_2(CO_3)$; tetragonal
Farbe: weiß, gelb, grünlich; Strich: mehr oder weniger weiß; Härte: 3,5
Bismutit ist im Bereich von hydrothermalen Erzgängen, zu deren Paragenese wismuthaltige sulfidische Primärerze wie Wismutglanz, Emplektit oder Wittichenit gehören, eine häufige Sekundärbildung. Neben erdigen Krusten von gelber oder grünlicher, seltener auch weißer Farbe bildet das Mineral Sphärolithe und radialstrahlige Büschel blättriger Kristalle. Mitunter tritt es auch in Pseudomorphosen nach säulig oder nadelig ausgebildeten Emplektitkristallen auf. Neben dem Gangrevier von Wittichen sind als Fundorte vor allem die im Deckgebirge des Nordschwarzwaldes aufsetzenden Gänge zu erwähnen (Freudenstadt, Grube Königswart, Neubulach, Grube Käfersteige, Kälbelberg bei Baden-Baden).
Lit.: 80; 130; 178; 187; 190; 193; 203

Rutherfordin
UO_2CO_3; rhombisch
Farbe: gelb, gelbweiß, braun
Der Rutherfordin ist unter den Sekundärmineralien der Uranlagerstätte im Krunkelbachtal bei Menzenschwand vertreten. Zu den häufigeren Sekundärbildungen gehört er indessen nicht. Er tritt in blaßgelben, blättrigen oder nadeligen Kristallen auf, die zu radialstrahligem Wachstum neigen. Unter den Begleitmineralien sind vor allem Billietit und Joliotit zu nennen.
Als große Seltenheit ist Rutherfordin auch im Gebiet von Wittichen (Sophia-Halde) nachgewiesen worden. Er fand sich in winzigen Pusteln und Rosetten von gelblicher bis bräunlicher Farbe aufgewachsen auf Schwerspat.
Lit.: 9; 189; 196; 198

Joliotit
$UO_2CO_3 \cdot nH_2O$
Farbe: gelb; Strich: gelb; Härte: 1 – 2
Der Joliotit ist ein erst in neuerer Zeit entdecktes Uranmineral. Bisher sind nur zwei Fundorte bekannt geworden, die beide im Schwarzwald liegen: Menzenschwand im südlichen Müllenbach bei Baden-Baden im nördlichen Schwarzwald. Das Mineral bildet zitronengelbe Krusten, die aus sphärolithischen und erdigen Aggregaten bestehen. Nur bei stärkerer Vergrößerung sind blättrige Kriställchen zu erkennen, die nach (100) tafelig ausgebildet sind. Das Mineral zeigt keine Fluoreszenz.
Drei weitere im Schwarzwald nachgewiesene uranhaltige Karbonate kommen jeweils nur an einer Stelle vor: Liebigit im Bereich der Uranlagerstätte von Müllenbach bei Baden-Baden, Schröckingerit in der Grube Johann am Burgfelsen bei Wittichen und Widenmannit in der Grube Michael im Weiler bei Lahr.
Lit.: 196; 198

Sulfate, Molybdate, Wolframate

Schwerspat (Baryt)
$BaSO_4$; rhombisch
Farbe: weiß, rötlich, farblos; Härte: 3
Schwerspat ist in den hydrothermalen Gängen des Schwarzwaldes fast immer unter den Gangarten vertreten und somit weit verbreitet. Nicht selten besteht ein Großteil der Gangausfüllung aus diesem Mineral.
Wie die anderen hydrothermalen Gangarten, Quarz, Flußspat und Karbonatmineralien, findet es sich oft in mehreren Generationen. Das wichtigste Vorkommen ist der Gang der Grube Clara bei Oberwolfach im mittleren Schwarzwald, wo das Mineral auch heute noch bergmännisch gewonnen wird. Auch an anderen Stellen des Schwarzwaldes bestand in früheren Zeiten ein Schwerspatabbau, so noch bis nach dem zweiten Weltkrieg bei den Schottenhöfen nordöstlich von Zell am Harmersbach (Grube Otto).
Der Schwerspat ist sehr unterschiedlich ausgebildet. In Drusen findet man ihn in Form schöner Kristalle, oft auch in kammförmigen Aggregaten. Tafelförmige Ausbildungsform

Bild 43. Schwerspat, Grube Clara bei Oberwolfach (19,6 mm).

Bild 44. Schwerspat, Schnellingen bei Haslach (18,4 mm).

Bild 45. Schwerspat (faserig), Grube Clara bei Oberwolfach (4,6 mm).

der Kristalle ist verbreitet, doch gibt es daneben auch meißelförmige Kristalle, wie z.B. in der Grube Clara. Zu den häufigsten Flächenformen gehören (110), (001), (111) und (102). Die besten Fundmöglichkeiten bestehen naturgemäß dort, wo auch jetzt noch Bergbau im Bereich schwerspatführender Gänge umgeht. Neben der schon erwähnten Grube Clara gilt dies für einige Flußspatgruben im südlichen Schwarzwald und auch für die Uranerzlagerstätte von Menzenschwand, wo Schwerspat ebenfalls zu den Gangarten zählt.
Lit.: 1; 52; 56; 61; 91; 109; 111; 115; 122; 130; 168; 187; 205; 215

Anglesit
$PbSO_4$; rhombisch
Farbe: weiß, farblos; Härte: 3
Der Anglesit ist neben Cerussit im Bereich von Bleilagerstätten die häufigste Sekundärbildung. Er dürfte wohl in keiner der zahlreichen Blei-Zink-Lagerstätten des Schwarzwaldes fehlen, wenn er auch nicht immer unter den nachgewiesenen Mineralien aufgeführt wird. Die folgenden Angaben beschränken sich auf Vorkommen, die durch das Auftreten von gut ausgebildeten Kristallen gekennzeichnet sind. Besonders formenreiche Kristalle fanden sich in der Grube Hausbaden bei Badenweiler. 20 Formen werden erwähnt, darunter (100), (010), (001), (102), (011), (210), (110) und (111). Oft tritt die Grundpyramide (111) allein auf oder auch in Kombination mit einem schmalen Prisma. Auch in der Grube Pfingstsegen bei Aitern kamen flächenreiche Kristalle vor.
Bis zu mehrere Zentimeter große Kristalle sind

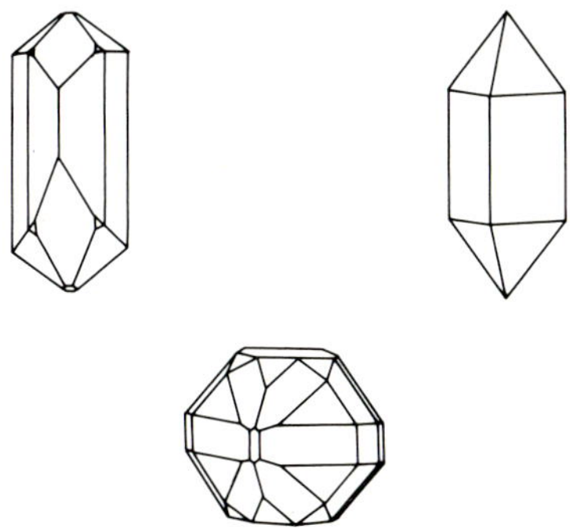

Bild 46. Anglesit, Grube Hausbaden bei Badenweiler (nach Liweh*).*

sodann aus der Grube Friedrich-Christian im Wildschapbachtal bekannt geworden. In Vergesellschaftung mit Cerussit, Linarit und Pyromorphit treten sie im Bereich von korrodiertem Bleiglanz auf. Auch die Gruben Gabriel im Einbachtal, Wenzel und Clara bei Oberwolfach zählen zu den Fundorten.
Lit.: 93; 94; 111; 115; 168; 176; 195

Brochantit
$Cu_4(SO_4)(OH)_6$; monoklin
Farbe: grün; Strich: blaßgrün; Härte: 3,5 – 4
Dieses sekundäre Kupfermineral, das erst in neuerer Zeit aus dem Schwarzwald beschrieben worden ist, kommt im Bereich von kupferreicheren hydrothermalen Erzlagerstätten vor. Es ist keine ausgesprochene Seltenheit. Zu den Fundorten gehören die Grube Clara bei Oberwolfach, das Gangrevier von Wittichen, Freudenstadt und Neubulach. Besonders gute Funde lieferte die Grube Clara. Das Mineral bildet auf den aus dieser Grube stammenden Strufen u.a. lattenförmige Kristalle, die in Drusen einzeln oder in Büscheln frei aufgewachsen sind. Die Kristalle sind tafelig nach (001) und nach der b-Achse gestreckt. Unter den Begleitmineralien sind neben Brauneisen vor allem Malachit, Olivenit, Chlorotil und Barium-Pharmakosiderit vertreten. Im südlichen Schwarzwald sind ebenfalls zwei Fundorte bekannt geworden, und zwar Menzenschwand und das Schauinslandgebiet.
Lit.: 118; 189; 190; 193; 195; 203

Bild 47. Brochantit, Schmiedestollen-Halde, Wittichen (7,2 mm).

Linarit
$PbCu(SO_4)(OH)_2$; monoklin
Farbe: blau; Strich: blaßblau; Härte: 2,5
Der Hauptfundort des Linarits im Schwarzwald ist die Grube Friedrich-Christian im Wildschapbachtal, auf deren Halde dieses Mineral auch heute noch zu finden ist. Das Mineral ist an korrodierten Bleiglanz gebunden und mit Anglesit und Cerussit vergesellschaftet. Die nach der b-Achse gestreckten Kristalle zeigen die Flächenformen (001), (100), (110) und (012), zum Teil zusätzlich auch noch (010), ($\bar{2}01$), ($\bar{1}01$) und ($\bar{2}11$). Auch von der Grube Hausbaden bei Badenweiler sind bis zu 2 mm lange, flächenreichere Kristalle beschrieben worden, die in Drusen auf Bleiglanz sitzen. Als weiterer Fundort im südlichen Schwarzwald sind noch die Halden im Bereich des Hofsgrunder Gangzuges im Schauinslandgebiet zu nennen, wo das Mineral aber nur in sehr spärlichen Mengen auftritt.
Lit.: 93; 130; 153

Jarosit
$KFe_3(SO_4)_2(OH)_6$; trigonal
Farbe: ockergelb, braun; Strich: blaßgelb; Härte: 2,5 – 3,5
Der Jarosit, ein Sulfat, das als Oxidationsprodukt von sulfidischen Eisenmineralien nicht allzu selten ist, konnte im Schwarzwald bisher nur in der Grube Clara nachgewiesen werden. Das Mineral bildet vorwiegend feinschuppige bis erdige Krusten von gelber Farbe, die auf Quarz und Schwerspat sitzen. Bei stärkerer Vergrößerung lassen sich tafelige Kristalle mit einem sechsseitigen Querschnitt erkennen. Neuerdings fand sich das Mineral auch in etwas größeren, oktaederähnlichen Kristallen in Vergesellschaftung mit Gips und Barium-Pharmakosiderit auf Brauneisen.
Lit.: 195

Weilerit
$BaAl_3H_{0-1}(AsO_4,SO_4)_2(OH)_{7-6}$; trigonal
Farbe: weiß, gelblich
Dieses Mineral der Beudantitreihe ist nach einer Lokalität im Schwarzwald, Weiler bei Lahr, benannt worden. Es wurde in der dort gelegenen Grube Michael unter den Sekundärbildungen entdeckt. Das Mineral bildet in Vergesellschaftung mit Adamin und Mimetesit auf Hornstein und Schwerspat weiße erdige Krusten, die nur bei starker Vergrößerung Kristallformen erkennen lassen. Es handelt sich um würfelähnliche Rhomboeder $(01\bar{1}2)$, wie sie für manche Glieder der Beudantitreihe typisch sind. Als zweiter Fundort ist später die Halde der Grube Neues Jahr bzw. Haus Württemberg bei Freudenstadt hinzugekommen. Hier tritt in Form von gelblichen nierigen Krusten eine eisenhaltige Varietät auf. Die Krusten sitzen auf Brauneisen und werden häufig von Barium-Pharmakosiderit begleitet.
Lit.: 176; 190

Beudantit
$PbFe_3(AsO_4)(SO_4)(OH)_6$; trigonal
Farbe: braun, gelb, gelbgrün; Strich: gelblich; Härte: 3,5 – 4,5
Vier Fundorte dieses Sekundärminerals sind bisher im Schwarzwald bekannt geworden: Grube Clara bei Oberwolfach, Grube Silberbrünnle bei Gengenbach, Grube Michael im Weiler bei Lahr und Menzenschwand (Granitsteinbruch beim Vorderdorf). Das Mineral bildet neben wenig charakteristischen, feinkörnigen Krusten von gelbgrüner Farbe gut ausgebildete bräunliche bis gelbliche Kristalle, die teils pseudokubisch sind (würfelähnliche Rhomboeder), teils tafelig nach der Basis

Bild 48. Beudantit, Grube Silberbrünnle bei Haigerach (4,6 mm).

Bild 49. Boyleit, Kropbach, Münstertal (9,5 mm).

(0001). Eine sulfatfreie Abart des Minerals, die im Bereich der Grube Silberbrünnle gefunden wurde, zeichnet sich durch das Auftreten von pseudooktaedrischen Kristallen aus. Fundmöglichkeiten bietet vor allem die Grube Clara, die in letzter Zeit hauptsächlich radialstrahlig gruppierte tafelige Kristalle von gelber Farbe geliefert hat.
Lit.: 183; 189; 195

Boyleit
$(Zn,Mg)SO_4 \cdot 4H_2O$; monoklin
Farbe: weiß; Härte: ca. 2
Mit dem Boyleit wird hier ein weiteres der erst vor kurzem entdeckten und neu beschriebenen Mineralien aus dem Schwarzwald vorgestellt. Der Boyleit tritt in Form weißer Krusten als Sekundärbildung in der Umgebung des im Steinbruch von Kropbach im Untermünstertal aufgeschlossenen Blei-Zink-Erzganges auf, der in Zusammenhang mit der Behandlung der Zinkblende bereits erwähnt wurde. Gegenwärtig kann das Mineral noch ohne Mühe gesammelt werden; darin unterscheidet es sich von den meisten in der heutigen Zeit neu beschriebenen Mineralarten, die in der Regel große Raritäten sind.
Lit.: 201

Langit
$Cu_4(SO_4)(OH)_6 \cdot H_2O$; rhombisch
Farbe: blau; Strich: bläulich; Härte: 2,5 – 3
Der Langit ist eine nicht allzu häufige Sekun-

Bild 50. Uranopilit, Menzenschwand (Krunkelbachtal) (3 mm).

därbildung im Bereich von hydrothermalen Erzgängen, deren Paragenese kupferhaltige Primärsulfide umfaßt. Es tritt im Gebiet von Wittichen auf (Schmiedestollen-Halde, Grube Johann, Danielgang) sowie im Gangrevier von Freudenstadt (Grube Dorothea) und Neubulach. Je ein Einzelfund des Minerals liegt auch von der Grube Clara bei Oberwolfach und der Grube Haus Baden bei Badenweiler vor. Der Langit bildet bläuliche Kristalle, die nach der a-Achse gestreckt sind. Bei tafeliger Ausbildungsform ist (001) die Tafelfläche. An Kristallen von der Grube Johann bei Wittichen wurden neben (001) noch (010) und (110) als Flächenformen beobachtet. Nicht selten zeigen die Kristalle auch eine aragonitähnliche Zwillingsbildung nach (110). Man begegnet dem Langit oft krustenförmig auf angewittertem Emplektit oder in dessen näherer Umgebung. Brochantit ist ein häufiges sekundäres Begleitmineral.
Erwähnt sei, daß der Posnjakit, der die gleiche Zusammensetzung aufweist wie der Langit, aber monoklin kristallisiert, als Seltenheit auf der Schmiedestollen-Halde bei Wittichen nachgewiesen wurde. Er bildet, ähnlich wie der Langit, kleine tafelige Kristalle von bläulicher Farbe.
Lit.: 178; 187; 190; 193; 195; 203

Uranopilit

$(UO_2)_6(SO_4)(OH)_{10} \cdot 12H_2O$; monoklin
Farbe: gelb; Strich: gelb
Der Uranopilit, ein Vertreter der Gruppe der Uranylsulfate, konnte bisher an zwei Stellen im Schwarzwald nachgewiesen werden, nämlich im Kirchheimer-Stollen bei Müllenbach im Gebiet von Baden-Baden, und im Bereich der Uranlagerstätte von Menzenschwand. Das Mineral bildet jeweils gelbe, erdige bis faserige Krusten, die im UV-Licht eine deutliche gelbgrüne Fluoreszenz zeigen. Bei stärkerer Vergrößerung sind radialstrahlig angeordnete nadelige Kristalle zu erkennen.
An den gleichen Stellen kommt auch noch ein anderes Uranylsulfat vor, das zur Zippeitgruppe gehört.
Lit.: 9; 198

Scheelit

$CaWO_4$; tetragonal
Farbe: weißlich, gelblich, grau; Härte: 4,5 – 5
Scheelit galt bis in die Zeit nach dem zweiten Weltkrieg im Schwarzwald als Seltenheit. Erst in den beiden letzten Jahrzehnten ist eine größere Zahl von Scheelitfundpunkten bekannt geworden. Dazu beigetragen hat die Einführung von tragbaren, batteriebetriebe-

Bild 51. Scheelit, Grube Clara bei Oberwolfach (5,8 mm).

nen UV-Lampen, die es erlauben, das mitunter recht unscheinbare Mineral auf Grund seiner Fluoreszenz rasch zu erkennen. Die Fluoreszenzfarbe des Scheelits im UV-Licht schwankt in Abhängigkeit vom Molybdängehalt zwischen blauweiß und orangegelb.
Verbreitet ist Scheelit vor allem im Bereich des Nordracher Granitmassivs, insbesondere am Roßgrabeneck und im benachbarten Schwaigwald. Hier treten oktaederähnliche Kristalle bis zu 1,5 cm Größe auf. Auch in der Grube Clara ist Scheelit in gut ausgebildeten Kristallen vertreten. Zu den Begleitmineralien gehören hier u.a. Ferberit, Hübnerit und Cuprotungstit. Im südlichen Schwarzwald findet sich das Mineral im Bereich der manganerzführenden Gänge von Eisenbach und im Granitsteinbruch bei Menzenschwand-Vorderdorf.
Lit.: 114; 118; 139; 143; 181; 188; 189; 195; 204

Stolzit

$PbWO_4$; tetragonal
Farbe: grau, gelb, farblos; Härte: 3
Stolzit ist bisher von zwei Fundorten im Schwarzwald beschrieben worden: Grube Clara bei Oberwolfach und Grube Teufelsgrund im Untermünstertal. Der letztgenannte Fundort lieferte bis 3 mm große, tafelige Kristalle mit einem mehr oder minder tetragonalen Querschnitt. In der Grube Clara fanden sich neben tafeligen Kristallen auch solche von pyramidalem Habitus. Bemerkenswert ist

Bild 52. Stolzit, Grube Teufelsgrund, Münstertal (21,3 mm).

hier, daß die Kristalle zum Teil farblos und gut durchsichtig sind, was sonst bei diesem Mineral nur selten der Fall ist. Die pyramidalen Kristalle sind orangegelb gefärbt, womit sie in Farbe und Form Wulfenit ähneln.
Lit.: 181; 195

Wulfenit
$PbMoO_4$; tetragonal
Farbe: orangegelb, wachsgelb, braun, grauweiß; Strich: weiß; Härte: 2,5 – 3
Wulfenit ist als Sekundärbildung von verschiedenen Erzlagerstätten des Schwarzwaldes bekannt geworden. Als wichtigster Fundort kann die Grube Friedrich-Christian im Wildschapbachtal angesehen werden. Ein schöner Fund aus allerneuester Zeit beweist, daß auch heutzutage dort noch mit Erfolg nach diesem Mineral gesucht werden kann. Die aus der genannten Grube stammenden dünntafeligen Kristalle von orangegelber Farbe erreichen eine Größe von mehreren Millimetern. Als Flächen treten in Kombination mit der Basis (001) noch (113) und (101) auf. Die Kristalle sitzen auf Flußspat oder Pyromorphit.
Als große Seltenheit ist Wulfenit auch in der Grube Michael im Weiler bei Lahr vorgekommen. Es handelt sich teils um tafelige Kristalle der Kombination (001), (011), (013) und (112), teils um solche von oktaederähnlichem Habitus.
An weiteren Fundorten sind die Grube Pfingstsegen bei Aitern und die Grube Hausbaden bei Badenweiler zu nennen. Vom letztgenannten Fundort wurden Kristalle der Kombination (001) und (113) sowie (001), (113) und (115) beschrieben.
Lit.: 15; 52; 94; 114; 130

Phosphate, Arsenate und Vanadate

Olivenit
$Cu_2(AsO_4)(OH)$; rhombisch
Farbe: olivgrün, weißlich, braun; Strich: gelblich; Härte: 3
Der Olivenit ist das häufigste sekundäre Arsenatmineral des Schwarzwaldes und in vielen Lagerstätten vertreten, zu deren Primärparagenese die Elemente Kupfer und Arsen gehören. Der bekannteste und ergiebigste Olivenitfundort ist die Grube Clara bei Oberwolfach, wo das Mineral in recht unterschiedlicher Ausbildungsform vorkommt. Neben säulig oder tafelig ausgebildeten Kristallen mit (100), (110) und (011) als häufigsten Flächenformen bildet es hellgrüne bis weißliche, faserige Aggregate, die mitunter haarlockenähnliche Formen annehmen. Für die letztgenannte Ausbildungsform galt früher die Bezeichnung Leukochalcit.
Auch im Bereich der im Deckgebirge aufsetzenden Erzgänge von Freudenstadt und Neubulach ist der Olivenit verbreitet. Oft enthält er hier neben Kupfer noch Zink in wechselnden Mengen (Mischkristalle mit Adamin).

Bild 53. Olivenit, Grube Clara bei Oberwolfach (5,3 mm).

Selten ist das Mineral hingegen im Ganggebiet von Wittichen. Bisher ist es dort nur unter den Mineralien der Schmiedestollen-Halde nachgewiesen worden.
Lit.: 88; 91; 132; 168; 190; 193; 195; 203

Adamin

$Zn_2(AsO_4)(OH)$; rhombisch
Farbe: weiß, gelb, grünlich; Härte: 3,5
Der Adamin gehört zu den Sekundärmineralien der Grube Michael im Weiler bei Lahr, wo man ihn mit einigem Glück jetzt noch auf der

Bild 54. Olivenit (faserig), Grube Clara bei Oberwolfach (3,8 mm).

Stollenhalde finden kann. In Form von kupferhaltigen Mischkristallen mit Olivenit (Cuproadamin) ist er auch von Neubulach bekannt geworden.
Im Bereich der Grube Michael tritt der Adamin in Drusenräumen und auf Klüften einer Hornsteinbreccie auf, wobei er oft mit Mimetesit und Zeunerit vergesellschaftet ist. Meist bildet er blaßgrüne, kugelige Kristallaggregate von radialstrahligem Bau mit einem Durchmesser bis zu 1 cm. Seltener tritt er auch in linsenförmigen Kristallen auf, bei denen es sich wahrscheinlich um die Kombination eines Prismas zweiter Stellung mit (011) handelt. Daneben findet sich der Adamin in Form von blaßgelben kristallinen Krusten, die nahezu frei von Kupfer sind und im UV-Licht eine deutliche grüngelbe Fluoreszenz zeigen. Die Cuproadaminkristalle von Neubulach sind oktaederähnlich ausgebildet und bestehen aus der Kombination von (110) mit (011).
Lit.: 17; 52; 176; 203

Pseudomalachit
$Cu_5(PO_4)_2(OH)_4$; monoklin
Farbe: grün bis blaugrün; Strich: grünlich; Härte: 4,5 – 5
Dieses Mineral, das mit dem in der Folge beschriebenen Cornwallit nahe verwandt ist, an Stelle von Arsen aber Phosphor enthält, ist vor allem von der Grube Silberbrünnle im Haigerachtal bei Gengenbach bekannt geworden. Es ist auf den Halden dieser alten Grube trotz der regen Sammeltätigkeit in den letzten Jah-

Bild 55. Adamin, Grube Michael im Weiler bei Lahr (2,7 mm).

Bild 56. Pseudomalachit, Grube Silberbrünnle bei Haigerach (5,9 mm).

ren auch heute noch mühelos zu finden. Bevorzugt bildet es auf der quarzigen Gangart traubig-nierige Krusten von grüner bis blaugrüner Farbe. Selten tritt es auch in kleinen Kristallen auf, die als Flächenformen (100) und (001) in Kombination mit (120) und (102) aufweisen. Nach OSANN soll das Mineral, das früher als Phosphorochalcit oder Lunnit bezeichnet wurde, auch in den Gruben bei Gutach vorgekommen sein. Ein weiterer Fundort ist Neubulach.
Lit.: 114; 203

Cornwallit
$Cu_5(AsO_4)_2(OH)_4$; monoklin
Farbe: grün; Strich: grünlich; Härte: 4
Cornwallit, früher auch Erinit genannt, findet sich in ähnlichen Sekundärparagenesen wie der Olivenit, ist aber seltener. In der Regel bildet er nierenförmige Krusten bzw. sphärolithisch ausgebildete Aggregate. Gut ausgebildete Kristalle sind eine ausgesprochene Seltenheit. Beschrieben wurden solche Kristalle mit den Flächen (100), (010) und (001) aus der Grube Clara, die der Hauptfundort dieses Minerals im Schwarzwald ist. Auch unter den Sekundärbildungen des Wittichener Reviers sowie der Gänge von Freudenstadt und Neubulach ist der Cornwallit vertreten.
Lit.: 91; 132; 190; 193; 195; 203

Bild 57. Cornwallit, Grube Clara bei Oberwolfach (5,2 mm).

Cornubit
$Cu_5(AsO_4)_2(OH)_4$; triklin (?)
Farbe: grün, blaßgrün
Der Cornubit hat die gleiche Zusammensetzung wie der Cornwallit und findet sich als Sekundärprodukt auch im Bereich der gleichen Lagerstätten wie letzterer: Grube Clara, Wittichen, Freudenstadt und Neubulach. Das Mineral tritt nie in Kristallen auf, sondern nur in derber und erdiger Ausbildung oder ähnlich wie der Cornwallit in Form von sphärolithischen Aggregaten. Mitunter ist das Mineral durchscheinend und wirkt glasartig bzw. amorph. Im Bereich der Grube Dorothea im Gangrevier von Freudenstadt überkrustet der Cornubit als jüngere Bildung den Cornwallit. Die Identifizierung des Minerals und seine Unterscheidung vom Cornwallit ist schwierig und gelingt eindeutig nur auf röntgenographischem Wege.
Lit.: 190; 193; 195; 203

Klinoklas
$Cu_3AsO_4(OH)_3$; monoklin
Farbe: grün bis blaugrün; Strich: blaugrün; Härte: 2,5 – 3
Klinoklas ist im Schwarzwald bisher von der

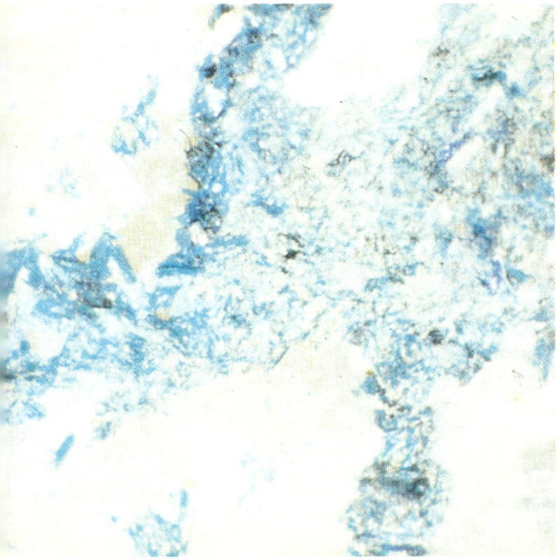

Bild 58. Klinoklas, Grube Clara bei Oberwolfach (3,8 mm).

Grube Clara bei Oberwolfach und von Freudenstadt (Grube Neues Jahr bzw. Haus Württemberg) beschrieben worden. Besonders schöne Funde lieferte die Grube Clara. Das Mineral tritt dort in maximal 3/4 mm langen Kristallen auf, die nach der Fläche (100) tafelig ausgebildet und nach der b-Achse in unterschiedlichem Maße gestreckt sind. Als seitliche Begrenzungsflächen der Täfelchen sind (001) und (110) vorhanden, außerdem wird (302) als Flächenform genannt. Die Kristalle sitzen krustenförmig auf Schwerspat oder Manganogel. Weniger bemerkenswert ist die Art des Auftretens im Gangrevier von Freudenstadt. Der Klinoklas bildet hier auf Quarz blaugrüne Krusten, die aus winzigen Kriställchen und blättrigen Aggregaten bestehen.
Lit.: 91; 195

Konichalcit

$CaCu(AsO_4)(OH)$; rhombisch

Farbe: grün; Strich: grün; Härte: 4,5

Der Konichalcit ist von vier Fundorten im Schwarzwald bekannt geworden: Wittichen (Schmiedestollen-Halde), Grube Anton im Heubachtal bei Schiltach, Steinbruch Hechtsberg bei Hausach und Neubulach. Nur wenige gesicherte Funde dieses Sekundärminerals liegen bisher vor. Die Ausbildungsform ist in allen Fällen ähnlich. Es handelt sich um nierenförmig ausgebildete Krusten bzw. sphärolithische Aggregate von grasgrüner Farbe. Diese Art der Ausbildung kann zu einer Verwechslung mit Cornwallit und Pseudomalachit, eventuell auch mit Malachit führen. Eine eindeutige Identifizierung des Konichalcits ist

Bild 59. Konichalcit, Schmiedestollen-Halde, Wittichen (4,1 mm).

deshalb nur auf Grund einer genauen Untersuchung möglich, wobei man sich auch eines mikrochemischen Nachweises von Ca bedienen kann, das in den anderen genannten, ähnlich ausgebildeten Mineralien nicht enthalten ist.
Lit.: 117; 178; 193; 203

Bild 60. Duftit, Grube Clara bei Oberwolfach (4,1 mm).

Duftit
$PbCu(AsO_4)(OH)$; rhombisch
Farbe: grün; Strich: blaßgrünlich bis weiß; Härte: 3
Der Duftit gehört zu den erst in neuerer Zeit im Schwarzwald nachgewiesenen Sekundärmineralien. Der Hauptfundort ist die Grube Clara bei Oberwolfach. Daneben ist das Mineral von der Grube Friedrich-Christian im Wildschapbachtal und vom Hechtsberg bei Hausach beschrieben worden. Im Bereich der Grube Clara tritt es in Form von oktaederähnlichen Kristallen auf, die als Flächenform (011) in Kombination mit einem Vertikalprisma, wahrscheinlich (210), aufweisen. Seltener begegnet man langprismatischen, nach der c-Achse gestreckten Kristallen, die mitunter radialstrahlige bzw. rosettenförmige Aggregate bilden.
Lit.: 117; 195

Descloizit
$Pb(Zn,Cu)(VO_4)(OH)$; rhombisch
Farbe: gelb, braun, orangerot, grün; Strich: gelblich bis braunrot; Härte: 3 – 3,5
Dieses Mineral ist von Hofsgrund beschrieben worden und zwar zunächst als vermeintlich neue Mineralart unter dem Namen Eusynchit. Weitere Fundorte im Schwarzwald außerhalb des Bergbaureviers am Schauinsland sind bisher nicht bekannt geworden. Der Descloizit bildet neben strahligen Aggregaten kugelige und traubige Überzüge auf Quarz. Seine Farbe ist hellgelb, braun oder gelblichrot. Im Bruch zeigt er Seidenglanz. Das Mineral ist mit Pyromorphit, Cerussit, Anglesit und oxidischen Eisen-Mangan-Mineralien vergesellschaftet. Neuere Funde stammen von einer Schachtpinge am ehemaligen Weiher im Bereich des Gspreng-Gangzuges.
Lit.: 114; 118

Bayldonit
$PbCu_3(AsO_4)_2(OH)_2$; monoklin
Farbe: grün, gelbgrün; Härte: 4,5
Der Bayldonit gehört zur artenreichen Sekundärparagenese der Grube Clara. Er bildet feinkörnige, stellenweise nierenförmig ausgebildete Krusten von grüner Farbe auf Schwerspat. Als Begleitmineralien treten u.a.

Anglesit, Beudantit, Mimetesit, Stolzit und Arsenbrackebuschit auf. Auch aus dem Gangrevier von Freudenstadt (Halde der Grube Neues Jahr bzw. Haus Württemberg) ist ein Fund bekannt geworden. Die grasgrünen, nierigen Krusten des Minerals sitzen auf Quarz

Bild 61. Bayldonit, Grube Clara bei Oberwolfach (3,8 mm).

und sind mit Malachit vergesellschaftet. Sodann wird Bayldonit noch von der Grube Michael im Weiler bei Lahr erwähnt, doch ist dieses Vorkommen unsicher. Der Bayldonit gehört zu den Mineralien, die sich nach äußeren Kennzeichen nicht eindeutig identifizieren lassen.
Lit.: 52; 195

Tsumcorit
$PbZn_2(AsO_4)_2 \cdot H_2O$; monoklin
Farbe: weiß bzw. farblos, gelbbraun, rotbraun
Das Mineral, das jetzt den Namen Tsumcorit trägt, wurde 1961 als neue Mineralart aus der Grube Michael im Weiler bei Lahr beschrieben, blieb aber zunächst unbenannt. Die Benennung erfolgte erst später auf Grund von Neufunden in der Tsumeb-Mine in Südwestafrika nach der dort tätigen Bergwerksgesellschaft. In der Grube Michael tritt das Mineral krustenförmig in gelbbraunen, feinkristallinen Aggregaten auf, die mit Mimetesit, Nadeleisenerz und Siderogel vergesellschaftet sind. In Schwerspatdrusen findet es sich auch in kleinen farblosen Kristallen, die auf Siderogel und Nadeleisenerz aufgewachsen sind. Die monoklinen Kristalle sind nach der b-Achse gestreckt und wirken tafelig, im Querschnitt sind sie spitzrhombisch bis spindelförmig.
Lit.: 176; 197

Arsenbrackebuschit
$Pb_2Fe(AsO_4)_2(OH,H_2O)$; monoklin
Farbe: gelb, honiggelb, grünlich; Strich: hellbraungelb; Härte: 4 – 5
Beim Arsenbrackebuschit liegen ähnliche Verhältnisse wie beim Tsumcorit vor. Er wurde zuerst 1975 als neue, unbenannte Mineralart von einem Fundort im Schwarzwald, der Grube Clara bei Oberwolfach beschrieben, später dann auch von Tsumeb bekannt und mit dem Namen Arsenbrackebuschit belegt. Aus der Grube Clara liegt nur ein Einzelfund des neuen Minerals vor. Es bildet gelbe bis grünliche Krusten, die auf Schwerspat sitzen und zum Teil nierenförmig ausgebildet sind. Als Begleitmineralien treten Anglesit, Mimetesit, Beudantit und Stolzit auf. Mit Beudantit ist der Arsenbrackebuschit eng verwachsen.
Lit.: 2; 195

Dussertit

$BaFe_3H(AsO_4)_2(OH)_6$; trigonal

Farbe: gelb, grün; Härte: 3,5

Der Dussertit ist im Gebiet von Wittichen keine allzu seltene Sekundärbildung, wird jedoch infolge seiner wenig auffallenden Ausbildungsform leicht übersehen. Er tritt in gelben Krusten und Beschlägen, meist auf Schwerspat auf. Nur bei stärkerer Vergrößerung lassen sich innerhalb der feinkörnigen Aggregate mitunter Kristalle beobachten, die wie Würfel aussehen, in Wahrheit aber Rhomboeder $(01\bar{1}2)$ sind. Oft ist der Dussertit mit Zeunerit vergesellschaftet und überkrustet diesen als jüngere Bildung. Auch unter den Mineralien der Grube Clara bei Oberwolfach ist der Dussertit vertreten. Er bildet hier neben feinkörnigen Krusten auch pustelförmige bzw. sphärolithische Aggregate. Die Farbe ist gelb bis gelbgrün. Als Begleitmineralien sind vor allem Cornwallit und Olivenit zu nennen.

Lit.: 173; 183; 193; 195

Apatit

$Ca_5(PO_4)_3(F,Cl)$; hexagonal

Farbe: farblos, gelb, grün, blau u.a.; Strich: weiß; Härte 5

Der Apatit ist als untergeordneter Gemengteil in den Gesteinen des Schwarzwaldes weit verbreitet, in der Regel bei dieser Art des Auftretens aber nur unter dem Mikroskop erkennbar. Daneben gibt es im Schwarzwald aber auch einige Fundorte, an denen der Apatit in größeren Kristallen vorkommt. Im mitt-

Bild 62. Apatit, Hinterohlsbach bei Gengenbach (20,6 mm).

Bild 63. Apatit, Menzenschwand, Granitsteinbruch beim Vorderdorf (13,6 mm).

leren Schwarzwald ist in erster Linie Hinterohlsbach bei Gengenbach zu nennen, wo der Apatit in säuligen, meist radialstrahlig angeordneten Kristallen in einem zersetzten Quarzporphyr zu finden ist. Die Kristalle sind grün bis blaugrün, aber auch rötlich gefärbt. Violetter Flußspat ist mit ihnen vergesellschaftet. Im südlichen Schwarzwald sei der Granitsteinbruch bei Menzenschwand-Vorderdorf als Fundort angeführt. Hier bildet der Apatit im Bereich von drusigen pegmatitischen Schlieren gut ausgebildete, dicksäulige Kristalle von blaugrüner, grünlicher und gelblicher Farbe. Die blaugrünen Kristalle zeigen eine zonare Farbverteilung. Flächenformen neben der Basis noch $(10\bar{1}0)$ und $(11\bar{2}0)$.
(Lit.: 64; 189

Pyromorphit
$Pb_5(PO_4)_3Cl$; hexagonal
Farbe: grün, braun, gelb; Strich: weiß; Härte: 3,5 – 4
Der Pyromorphit ist als Sekundärmineral im Bereich der Blei-Zink-Erzgänge des Schwarzwaldes recht häufig anzutreffen. Es gibt zahlreiche Fundorte sowohl im südlichen als auch im mittleren Teil des Schwarzwaldes. Zu nennen sind u.a. das Schauinslandgebiet, Badenweiler, Grube Clara bei Oberwolfach und Grube Friedrich-Christian im Wildschapbachtal. Die besten Fundmöglichkeiten bestehen im Schauinslandgebiet (Halden oberhalb Hofsgrund). Das Mineral tritt hier in grünen, seltener auch in braunen, säuligen Kristallen auf, die nach der c-Achse gestreckt sind und

Bild 64. Pyromorphit, Hofsgrund (10,6 mm).

seitlich von Prismenflächen $(10\bar{1}0)$ begrenzt werden. Zum Teil ist der Pyromorphit vom Schauinsland etwas uranhaltig und demzufolge auch radioaktiv; dasselbe gilt auch für den Pyromorphit von Badenweiler. Quarzähnliche Formen der Kombination $(10\bar{1}0)$ und $(10\bar{1}1)$ kennzeichnen die grünlichen bis gelblichen Pyromorphitkristalle aus der Grube Clara, die in der Regel neben Phosphor auch etwas Arsen enthalten, also Mischkristalle der Reihe Pyromorphit-Mimetesit sind. Pseudomorphosen von Pyromorphit nach Bleiglanz kamen in der Grube Herrensegen im Wildschapbachtal vor.

Lit.: 70; 114; 130; 153; 195; 203

Mimetesit

$Pb_5(AsO_4)_3Cl$; hexagonal (monoklin)

Farbe: farblos, gelb, gelbgrün; Strich: weiß; Härte: 3,5 – 4

Der Mimetesit, der ähnlich zusammengesetzt ist wie der Pyromorphit, an Stelle des Phosphors aber Arsen enthält, ist im Schwarzwald weniger verbreitet als letzterer. Eine bekannte Fundstelle ist die Grube Michael im Weiler bei Lahr. Der Mimetesit bildet hier gelbe Kristalle der Kombination $(10\bar{1}0)$ und $(10\bar{1}1)$, die nach der c-Achse gestreckt sind und dadurch säulig bis nadelig wirken. Zum Teil enthalten sie etwas Uran. Ein weiterer Fundort im mittleren Schwarzwald ist die Grube Clara, wo der Mimetesit jedoch sehr selten ist. Häufiger sind

Bild 65. Mimetesit, Grube Michael im Weiler bei Lahr (4,3 mm).

hier die bereits erwähnten Mischkristalle zwischen Pyromorphit und Mimetesit.
Im südlichen Schwarzwald gehört neben dem Schauinslandgebiet die Grube Gottesehre bei Urberg zu den Fundorten, wo er in Form von derben braunen Kugeln bis 1 cm Durchmesser und in leuchtend gelben Büscheln zarter Nädelchen auftritt. Fraglich ist das Auftreten von Mimetesit im Gebiet von Badenweiler.
Lit.: 52; 111; 114; 115; 153; 195

Atelestit

$Bi_2O(AsO_4)(OH)$; monoklin
Farbe: gelb, gelbgrün; Härte: 4,5 – 5
Der Atelestit gehört zur Sekundärparagenese der Co-Ni-Ag-Bi-U-Erzgänge des Gebietes von Wittichen. Als weitere Fundorte sind die

Bild 66. Atelestit mit Mixit, Schmiedestollen-Halde, Wittichen (3 mm).

Grube Königswart bei Schönegründ und Neubulach im nördlichen Schwarzwald zu nennen. Das Mineral bildet meist gelbe Sphärolithe („Kügelchen"), die krustenförmig auf den Gangarten sitzen und häufig mit Mixit vergesellschaftet sind. Seltener findet es sich auch in mehr oder minder tafelförmigen Kristallen, die zum Teil garbenförmig oder radialstrahlig verwachsen sind. Das Mineral wird leicht übersehen, da Aggregate und Kristalle in der Regel nur eine sehr geringe Größe erreichen.
Lit.: 178; 190; 193; 203

Bild 67. Sainfeldit, Grube Anton, Heubachtal bei Schiltach (5,3 mm).

Sainfeldit

$Ca_5H_2(AsO_4)_4 \cdot 4H_2O$; monoklin
Farbe: weiß, blaßrosa
Der Sainfeldit tritt im Schwarzwald nur im Bereich der Grube Anton im Heubachtal bei Schiltach auf. Er bildet sphärolithische bzw. rosettenförmige Aggregate von weißlicher bis blaßrosa Färbung, die mit Pharmakolith, Pikropharmakolith, Machatschkiit, Guerinit und

Bild 68. Mansfieldit, Neubulach (8,5 mm).

Gips vergesellschaftet sind. Die Aggregate bestehen aus dünntafeligen Kriställchen, die nach der c-Achse gestreckt sind. Der Durchmesser der Sphärolithe erreicht knapp 1 mm. Meist ist das Mineral auf Granit aufgewachsen, vereinzelt aber auch auf Pharmakolith. Die mitunter zu verzeichnende rosa Tönung des Minerals wird von Kobalt hervorgerufen.
Lit.: 193

Mansfieldit

$AlAsO_4 \cdot 2H_2O$; rhombisch
Farbe: grauweiß, grün, türkisblau; Härte: 4
Das Aluminiumarsenatmineral Mansfieldit ist bisher nur von einem Fundort im Schwarzwald bekannt geworden, nämlich von Neubulach, und auch hier sind die Funde spärlich.
Das Mineral bildet nierige Krusten von blaßgrüner bis türkisblauer Farbe auf Quarz und verkieseltem Buntsandstein. Zu den Begleitmineralien gehören Azurit, Malachit und der sehr seltene Barium-Alumopharmakosiderit, der in einem Fall den Mansfieldit als jüngere Bildung überkrustet.
Lit.: 179; 203

Skorodit

$FeAsO_4 \cdot 2H_2O$; rhombisch
Farbe: weißlich, gelb, braun, grün, blau; Härte: 3,5 – 4
Der Skorodit ist unter den Sekundärbildungen, die aus den Lagerstätten des Schwarzwaldes bekannt geworden sind, nicht allzu selten. Hauptfundort ist wiederum die an Sekun-

Bild 69. Skorodit, Grube Clara bei Oberwolfach (17 mm).

därmineralien reiche Grube Clara bei Oberwolfach. Hier tritt das Mineral in Kristallen der Kombination (001), (201) und (111) auf. Daneben begegnet man ihm in dieser Grube auch in Form von nierenförmigen bzw. blumenkohlartigen Krusten und sphärolithischen Aggregaten. Die Farbe des Minerals ist stark unterschiedlich, was das Erkennen erschwert (grünlich, gelblich, bläulich, weißlich oder völlig farblos, daneben braun durch Krusten von Brauneisen). Auch im Gangrevier von Wittichen und Freudenstadt ist der Skorodit vertreten.

Bild 70. Skorodit, Grube Clara bei Oberwolfach (3,3 mm).

Schon länger bekannt ist außerdem das Vorkommen des Minerals unter den Sekundärbildungen der Grube Gabriel im Einbachtal bei Hausach. Es wurde von dort in Form von 2 mm großen, lauchgrünen Kristallen von spitzpyramidalem Habitus beschrieben.
Lit.: 114; 193; 195; 203

Hörnesit
$Mg_3(AsO_4)_2 \cdot 8H_2O$; monoklin
Farbe: weiß; Härte: 1
Der Hörnesit ist bisher nur aus den Gängen der Co-Ni-Ag-Bi-U-Formation des mittleren Schwarzwaldes beschrieben worden (Grube Johann am Burgfelsen bei Wittichen, Grube Anton bei Schiltach), doch ist er auch hier recht selten. Im unteren Stollen der Grube Johann fand er sich in langprismatischen, radialstrahlige Büschel bildenden Kristallen, aufgewachsen auf Gips und Schröckingerit. Die Kristalle sind nach der c-Achse gestreckt und tafelig nach (010). Aus der Grube Anton werden weißliche Sphärolithe erwähnt, die etwas kobalthaltig sind.
Lit.: 187; 193

Parasymplesit
$Fe_3(AsO_4)_2 \cdot 8H_2O$; monoklin
Farbe: grün, blaugrün; Strich: bläulich- bis grünlichweiß; Härte: 2,5
Der Parasymplesit ist wie der im Vorhergehenden behandelte Hörnesit ein Glied der Vivianitreihe. Er tritt im Gangrevier von Wittichen auf und wurde außerdem aus der Grube Michael im Weiler bei Lahr und aus der Kobaltgrube bei Sulzburg bekannt. Im Gebiet von Wittichen bestanden vor allem im Bereich der Sophia-Halde im Böckelsbachtal auch noch in jüngerer Zeit Fundmöglichkeiten. Das Mineral bildet hier Kristalle von grüner bis graugrüner Farbe, die tafelig nach (010) aus-

gebildet sind. Die Kristalle aus der Kobaltgrube bei Sulzburg weisen als Formen neben der Tafelfläche (010) noch (100) und/oder (110) sowie als Endflächen ($\bar{2}01$) z.T. mit ($\bar{2}21$) auf. Im unfrischen Zustand nimmt das Mineral eine braune Farbe an (Umwandlung in Ferrisymplesit).
Lit.: 130; 176; 178; 193

Kobaltblüte (Erythrin)
$Co_3(AsO_4)_2 \cdot 8H_2O$
Farbe: rosa, rot, violettrot; Strich: rosa; Härte: 2
Die Kobaltblüte gehört zu den häufigsten Sekundärbildungen der Gänge der Co-Ni-Ag-Bi-U-Formation des Gebietes von Wittichen. Besonders die Schmiedestollen-Halde bietet gute Fundmöglichkeiten. Am häufigsten tritt das Mineral in Form von erdigen und nierenförmigen Krusten auf, doch kommen auch gut ausgebildete, nach (010) tafelige Kristalle vor, die nicht selten radialstrahlige Büschel bilden. Zum Teil enthält die Kobaltblüte Magnesium (Mischkristalle mit Hörnesit), was zu blasseren Farbtönen führt. Auch von Freudenstadt und aus der Grube Clara ist Kobaltblüte bekannt geworden. Im südlichen Schwarzwald ist als Fundort die Kobaltgrube bei Sulzburg und die Grube Gottesehre bei Urberg zu nennen. Die Kristalle vom letztgenannten Fundort erreichen eine Länge bis zu einem Zentimeter und sind meist bräunlichrot gefärbt. Zweifelhaft ist das in der Literatur angegebene Vorkommen von Kobaltblüte (und Nickelblüte) in der Grube Michael im Weiler bei Lahr.
Lit.: 52; 115; 117; 130; 168; 187; 193; 218

Nickelblüte (Annabergit)
$Ni_3(AsO_4)_2 \cdot 8H_2O$; monoklin
Farbe: apfelgrün, grün; Strich: blaßgrün; Härte: 1,5 – 2,5
Die Nickelblüte ist im Schwarzwald wesentlich seltener als die Kobaltblüte. Die Funde beschränkten sich auf das Gebiet von Wittichen und die Grube Gottesehre bei Urberg. Im Gebiet von Wittichen ist das Auftreten des Minerals in der Regel an Rotnickelkies gebunden. Es bildet auf diesem Nickelarsenid grüne Beschläge und pustelförmige Aggregate. Daneben fand sich die Nickelblüte auch auf

Bild 71. Kobaltblüte, Grube Anton, Heubachtal bei Schiltach (4,2 mm).

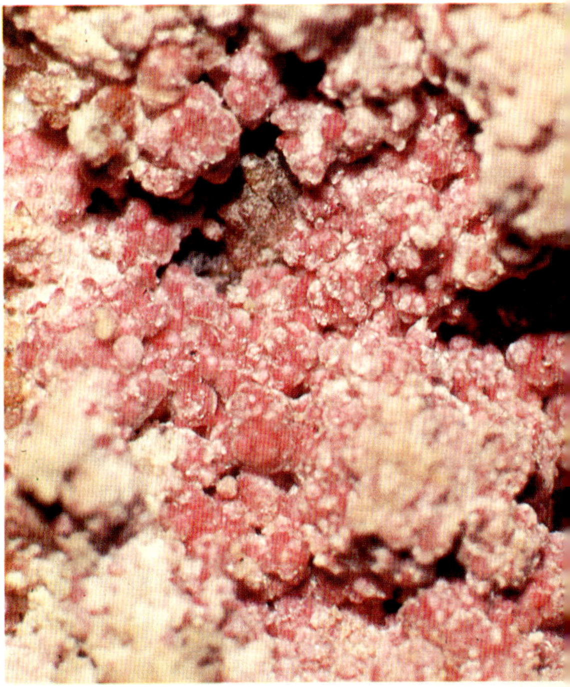

Speiskobalt und in strahligen apfelgrünen Büscheln und flockigen Massen auf Kristallen von Kobaltblüte. An Einzelfundorten werden genannt: die Gruben Sophia und Anton sowie die bei Alpirsbach gelegene Grube Wolfgang. Größere Annabergitkristalle von grasgrüner Farbe neben pulverigen Überzügen lieferte in neuerer Zeit die Grube Gottesehre.
Lit.: 52; 115; 130; 193; 218

Köttigit
$Zn_3(AsO_4)_2 \cdot 8H_2O$
Farbe: farblos, weiß, rosa; Härte: 2
Der Köttigit ist nur von einem Fundort im Schwarzwald bekannt geworden, nämlich von der Grube Michael im Weiler bei Lahr. Er findet sich hier auf Klüften und in Drusen von zinkblendehaltigem Hornstein. Das Mineral bildet farblose, durchsichtige Kristalle von gipsähnlichem Habitus, die meist radialstrahlig angeordnet sind. An Flächenformen wurden neben (010) und (100) noch (201) und ($\bar{2}21$) beobachtet. Die in neuerer Zeit gemachten Funde stammen von der Halde vor dem Michaelstollen, die viele interessante Mineralien geliefert hat, deren Ergiebigkeit aber durch die rege Sammeltätigkeit der letzten Jahre stark nachgelassen hat.
Lit.: 176

Pikropharmakolith
$Ca_4MgH_2(AsO_4)_4 \cdot 11H_2O$; monoklin
Farbe: weiß
Der Pikropharmakolith ist ein Sekundärmine-

Bild 72. Köttigit, Grube Michael im Weiler bei Lahr (6,8 mm).

Bild 73. Pikropharmakolith, Grube Anton, Heubachtal bei Schiltach (7 mm).

Bild 74. Pharmakolith, Grube Anton, Heubachtal bei Schiltach (3,8 mm).

ral, das im Schwarzwald nur in den Grubenbauen des Erzreviers von Wittichen und seiner Umgebung anzutreffen ist. Der bekannteste Fundort ist die Grube Anton im Heubachtal bei Schiltach. Aus dieser Grube stammen sehr schöne Pikropharmakolithstufen, die in zahlreichen Sammlungen vertreten sind.

Das Mineral bildet radialstrahlige Büschel von seidenartigem Glanz, die aus langprismatischen bis nadeligen Kristallen bestehen. Die Anwesenheit von Kobaltblüte bedingt rosa Tönungen der sonst weißen Kristalle, die auf Granit, mitunter aber auch auf älterem Pharmakolith aufgewachsen sind. Zu den Begleitmineralien zählen neben letzterem und Kobaltblüte u.a. noch Hörnesit, Rauenthalit, Sainfeldit und Guerinit. Das Mineral wurde irrtümlich lange Zeit als Pharmakolith angesprochen und auch in der neuesten Literatur begegnet man noch manchmal dieser falschen Bezeichnung.

Lit.: 130; 193

Pharmakolith

$CaHAsO_4 \cdot 2H_2O$; monoklin

Farbe: weiß, bräunlich; Härte: 2 – 2,5

Ähnlich wie der Pikropharmakolith tritt auch der Pharmakolith in den alten Gruben in der Umgebung von Wittichen auf. Wiederum ist es die Grube Anton im Heubachtal bei Schiltach, die noch in neuerer Zeit gute Funde dieses Minerals geliefert hat. Das Mineral bil-

det farblose bis bräunliche, langprismatische Kristalle, die meist subparallel miteinander verwachsen sind. Einzelkristalle sind nach der c-Achse gestreckt und tafelig nach (010). Interessant sind orientierte Verwachsungen mit Gips. Es handelt sich hierbei um rosettenförmige oder haarlockenförmig gekrümmte Kristallaggregate, die makroskopisch nicht erkennen lassen, daß sie aus zwei verschiedenen Mineralarten bestehen. Angesichts der Strukturgleichheit von Pharmakolith und Gips ist diese Art der Verwachsung verständlich.
Lit.: 193

Rauenthalit
$Ca_3(AsO_4)_2 \cdot 10H_2O$; triklin
Farbe: weiß, farblos
Der Rauenthalit ist als große Seltenheit unter den Mineralien der Grube Anton bei Schiltach vertreten. Er bildet Büschel langprismatischer bis nadeliger Kristalle, die maximal eine Länge von 0,5 mm erreichen. Die Kristalle sind farblos und zum Teil völlig klar. Sie sind zusammen mit Pikropharmakolith, Hörnesit, Guerinit und anderen Sekundärbildungn auf zersetztem Granit aufgewachsen.
Lit.: 193

Machatschkiit
$Ca_3(AsO_4)_2 \cdot 9H_2O$; trigonal
Farbe: farblos, weiß; Härte: 2 – 3
Der Machatschkiit ist eine neue Mineralart, deren Erstbeschreibung vor kurzem erfolgte. Das Mineral wurde in den Bauen der Grube Anton bei Schiltach in Vergesellschaftung mit Gips, Pharmakolith, Pikropharmakolith und Sainfeldit gefunden. Es tritt in farblosen, rhomboedrischen Kristallen ($10\overline{1}2$) auf, die durchsichtig bis durchscheinend sind und maximal eine Größe von etwa 2 mm erreichen. Die Kristalle zeigen keine Spaltbarkeit. Der Bruch ist muschelig. Kobalthaltiger Sainfeldit tritt in blaßrosa gefärbten Sphärolithen einschlußförmig im Machatschkiit, aber auch aufgewachsen auf diesem auf.
Lit.: 199

Strashimirit
$Cu_4(OH)_2(AsO_4)_2 \cdot 2{,}5H_2O$; monoklin
Farbe: lichtgrün
Der Strashimirit ist ebenfalls eines der erst in neuerer Zeit (1968) beschriebenen Mineralien. Im Schwarzwald sind mehrere Fundorte bekannt geworden: Grube Clara bei Oberwolfach, Freudenstadt und Neubulach. Das Mineral bildet in der Regel blaßgrüne, schuppige Aggregate, die krustenförmig auf den Gangarten Quarz und Schwerspat aufgewachsen sind. Es tritt nur in sehr untergeordneten Mengen auf und wird auf Grund seines wenig charakteristischen Aussehens leicht übersehen. Fundmöglichkeiten sind aber auch jetzt noch gegeben. Die besten Funde stammen von Freudenstadt (Halde der Grube Neues Jahr bzw. Haus Württemberg), wo das Mineral mit Cornwallit, Cornubit und Barium-Pharmakosiderit vergesellschaftet ist.
Lit.: 190; 195; 203

Arthurit
$Cu_2Fe_4(AsO_4)_3(OH)_7 \cdot 6H_2O$; monoklin
Farbe: grün
Die bisher im Schwarzwald gemachten Funde

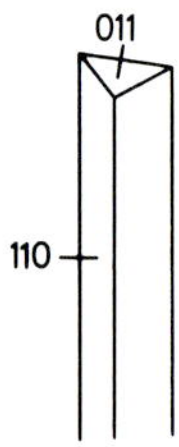

Bild 75. Arthuritkristall, Grube Clara bei Oberwolfach.

Bild 76. Arthurit, Grube Clara bei Oberwolfach (3,6 mm).

dieses Minerals sind auf die Grube Clara beschränkt. Es ist ein seltenes Glied der Sekundärparagenese. Zum Teil bildet es gut ausgebildete, wenn auch sehr kleine Kristalle von grasgrüner Farbe, die auf Quarz, Schwerspat und Flußspat in büschelförmigen Aggregaten aufgewachsen sind. Die langsäuligen Einzelkristalle sind nach der c-Achse gestreckt und werden von Prismenflächen (110) seitlich begrenzt. Das Kristallende wird von (011)-Flächen gebildet. Außerdem tritt das Mineral zusammen mit Skorodit und Barium-Pharmakosiderit als Komponente von gelb bis lichtgrün gefärbten, erdigen bis feinkristallinen Pseudomorphosen (nach Olivenit?) auf.
Lit.: 195

Tirolit

$Cu_9Ca_2(AsO_4)_4(OH)_{10} \cdot 10H_2O$; rhombisch
Farbe: grün bis blaugrün; Strich: blaßgrün; Härte: ca. 2

Dieses Mineral ist unter den Sekundärbildungen verschiedener Erzvorkommen des Schwarzwaldes vertreten, insgesamt gesehen aber relativ selten. An Fundorten sind zu nennen: Wittichen, Steinbruch Hechtsberg bei Hausach, Grube St. Lorenz am Spitzberg bei Wolfach, Freudenstadt (Grube Dorothea) und Neubulach. Fundmöglichkeiten bestehen gegenwärtig wohl noch am ehesten im Gebiet von Freudenstadt. Das Mineral bildet blättrige Kristalle von grüner bis blaugrüner Farbe, die zu radialstrahliger Anordnung neigen. Ihre Größe erreicht 3 mm (Steinbruch Hechts-

Bild 77. Tirolit, Neubulach (4,5 mm).

berg). Sie sind nach (010) tafelig ausgebildet, biegsam und zeigen einen perlmutterartigen Glanz. Beachtet man die erwähnten Kennzeichen, so läßt sich der Tirolit verhältnismäßig leicht von anderen grünen Sekundärbildungen unterscheiden.
Lit.: 114; 117; 190; 193; 203

Chalkophyllit
$Cu_{18}Al_2(AsO_4)_3(SO_4)_3(OH)_{27} \cdot 33H_2O$; trigonal
Farbe: grasgrün bis blaugrün; Strich: blaßgrün; Härte: 2
Zwei Fundorte des Chalkophyllits im Schwarzwald sind bisher bekannt geworden, die Grube Clara bei Oberwolfach und Neubulach. Relativ große, grün gefärbte Kristalle des Minerals lieferte vor allem der erstgenannte Fundort. Die hier vorkommenden dünntafeligen Kristalle lassen deutlich sechsseitige Formen erkennen und können auf Grund dieser charakteristischen Ausbildung kaum mit einem anderen Mineral verwechselt werden. Auch im Gebiet von Neubulach tritt der Chalkophyllit in solchen Kristallen auf, die aber maximal nur 0,1 mm groß werden und deshalb erst bei stärkerer Vergrößerung einigermaßen deutlich zu erkennen sind. Zu den Begleitmineralien gehören hier Brochantit, Olivenit, Mansfieldit und Barium-Pharmakosiderit.
Lit.: 203

Barium-Pharmakosiderit
$BaFe_3H(AsO_4)_2(OH)_6$; tetragonal
Farbe: gelb, braun, grün; Strich: lichtgelb; Härte: 2,5
Der Barium-Pharmakosiderit ist eine erst in neuerer Zeit beschriebene Mineralart, die sich vom Pharmakosiderit im eigentlichen Sinne dadurch unterscheidet, daß sie Barium an Stelle von Kalium enthält. Im Schwarzwald ist der Barium-Pharmakosiderit recht verbreitet. Als Hauptfundort hat die Grube Clara bei Oberwolfach zu gelten, wo das Mineral in gelben oder grünen Kristallen von meist pseudowürfeliger Ausbildungsform auftritt. Selten kommen auch tetraederähnliche Bisphenoide und nadelige, nach der c-Achse gestreckte

Bild 78. Barium-Pharmakosiderit mit Skorodit, Grube Clara bei Oberwolfach (2,2 mm).

Kristalle vor. Skorodit und Olivenit sind oft mit dem Barium-Pharmakosiderit vergesellschaftet.
An weiteren Fundorten seien genannt: Wittichen (Sophia-Halde, Schmiedestollen-Halde), Grube Anton bei Schiltach, Freudenstadt

und Neubulach. Im Gebiet von Menzenschwand im südlichen Schwarzwald wurde eine calciumhaltige Varietät des Barium-Pharmakosiderits gefunden.
Lit.: 183; 190; 193; 195; 203

Bild 79. Barium-Pharmakosiderit (nadelig), pseudomorph nach (?), Olivenit, Grube Clara bei Oberwolfach (3,4 mm).

Lavendulan
$(Ca,Na)_2Cu_5(AsO_4)_4Cl \cdot 4\text{-}5H_2O$; rhombisch
Farbe: blau bis grün; Strich: blaßblau bis fast farblos; Härte: 2,5
Der Lavendulan ist eine relativ seltene Sekundärbildung im Bereich der Erzgänge des Wittichener Reviers. Der Hauptfundort ist die Schmiedestollen-Halde. Auch aus der Grube Neuglück bei Wittichen, der Grube Anton bei Schiltach sowie der Grube Gottes Segen in der Reinerzau wird das Mineral erwähnt. Es bildet zum Teil nierenförmige Krusten von blauer bis grüner Farbe. Daneben tritt es auch in winzigen, schuppigen Kriställchen auf. Das Mineral ist mit Kobaltblüte, Olivenit, Mixit und Uranglimmern vergesellschaftet.
Ein weiterer Fundort ist vor kurzen im nördlichen Schwarzwald bekannt geworden: die Uranlagerstätte von Müllenbach bei Baden-Baden. Das Mineral bildet im Kirchheimer-Stollen bläuliche erdige Aggregate, die in Vergesellschaftung mit Gips im Bereich von korrodiertem Pyrit auftreten.
Lit.: 130; 193; 198

Mixit
$Bi_2Cu_{12}(AsO_4)_6(OH)_{12} \cdot 6H_2O$; hexagonal
Farbe: grün; Strich: blaßgrün; Härte: 3
Der Mixit ist im Schwarzwald relativ verbreitet. Er findet sich als Sekundärmineral im Bereich von Erzlagerstätten, deren Primärparagenese die Elemente Kupfer und Arsen neben Wismut umfaßt.
Diese Elementkombination ist vor allem im Gangrevier von Wittichen anzutreffen, dann aber auch im Bereich der im Deckgebirge aufsetzenden Erzgänge im nördlichen Schwarzwald. Entsprechend sind die Hauptvorkommen von Mixit neben Wittichen noch Neubulach, Freudenstadt und die Grube Königswart im Murgtal.
Der Mixit bildet in der Regel nadelige Kristalle von grüner Farbe, die oft radialstrahlig angeordnet sind oder auch haarlockenförmig gekrümmte Aggregate bilden. Daneben tritt das Mineral in derben Krusten auf, die sich makroskopisch schlecht vom Malachit unterschei-

den lassen, mit dem der Mixit im übrigen bisweilen auch verwachsen ist.
Lit.: 130; 132; 175; 190; 192; 193; 203

Chlorotil

$X_2Cu_{12}(AsO_4)_6(OH)_{12} \cdot 6H_2O$ (X = Seltene Erden); hexagonal
Farbe: grün; Strich: blaßgrün; Härte: 3
Der Chlorotil ist mit dem Mixit nahe verwandt, enthält aber Seltene Erden (vorwiegend Ce, Nd und La) an Stelle von Wismut. Er ist genauso ausgebildet wie der Mixit und deshalb leicht mit diesem zu verwechseln. Das Grün der nadeligen Kristalle ist allerdings meist heller als beim Mixit (mehr gras- bis gelbgrün), was einen gewissen, wenn auch nicht ganz sicheren Anhaltspunkt bei der Bestimmung bietet. Die Fundorte sind zum Teil die gleichen wie beim Mixit: Gangrevier von Wittichen, Freudenstadt und Neubulach. In besonders schöner Form findet sich der Chlorotil sodann noch in der Grube Clara bei Oberwolfach, wo er oft mit Cornwallit und Olivenit vergesellschaftet ist. Die Kristalle lassen hier mitunter auch erkennen, daß ihr Querschnitt entsprechend der hexagonalen Symmetrie sechsseitig ist. Schließlich sei als Fundort im mittleren Schwarzwald noch die Grube Silberbrünnle bei Haigerach genannt. Im südlichen Schwarzwald ist bisher nur Menzenschwand (Granitsteinbruch beim Vorderdorf) als Fundort bekannt geworden.

Bild 80. Mixit, Schmiedestollen-Halde, Wittichen (5,3 mm).

Bild 81. Chlorotil, Neubulach (7 mm).

Bild 82. Chlorotil, Grube Clara bei Oberwolfach (3,8 mm).

Lit.: 130; 175; 178; 187; 189; 190; 192; 193; 195; 203

Walpurgin

$Bi_4(UO_2)(AsO_4)_2O_4 \cdot 3H_2O$; triklin
Farbe: gelb, gelbbraun; Strich: blaßbräunlich-gelb; Härte: 3,5
Dieses seltene, wismuthaltige Uranmineral kommt im Gebiet von Wittichen vor (Schmie-

Bild 83. Walpurgin mit Mixit, Schmiedestollen-Halde, Wittichen (3,8 mm).

destollen-Halde). Das Mineral kann mit einigem Glück auch heute noch auf der genannten Halde gefunden werden. Es bildet mehr oder minder langprismatisch entwickelte Kristalle von gelber Farbe, die mehrere Millimeter lang werden können. Mitunter zeigen diese gipsähnliche Formen durch die Kombination der Tafelfläche (010) mit (110), $(1\bar{1}0)$ und $(\bar{1}\bar{1}1)$. Mixit und Atelestit gehören zu den Begleitmineralien.

Bild 84. Hallimondit auf Hügelit, Grube Michael im Weiler bei Lahr (3,9 mm).

Als weiterer Fundort des Walpurgins im Schwarzwald ist neuerdings Nußbach bei Triberg bekannt geworden, wo das Mineral u.a. mit Meta-Zeunerit und Meta-Heinrichit vergesellschaftet ist.
Lit.: 173; 193

Hallimondit
$Pb_2(UO_2)(AsO_4)_2$; triklin
Farbe: gelb; Strich: blaßgelb; Härte: 2,5 – 3
Der Hallimondit gehört zu den Sekundärbildungen des Michaelganges im Weiler bei Lahr und wurde von dort als neue Mineralart 1961 erstmals beschrieben. Das Mineral tritt in gut ausgebildeten, tafeligen Kristallen von trikliner Symmetrie auf, die mehr oder minder nach der c-Achse gestreckt sind. Folgende Formen wurden beobachtet: (100), (010), (001), (110), (610), (011), (018), (111). Mimetesit und Hügelit kommen als Begleitmineralien vor. Auf letzterem ist der Hallimondit zum Teil als jüngere Bildung aufgewachsen. Auch orientierte Verwachsungen zwischen Hallimondit und Hügelit wurden beobachtet.
Lit.: 176; 184

Torbernit und Meta-Torbernit
$Cu(UO_2)_2(PO_4)_2 \cdot 12H_2O$ bzw.
$Cu(UO_2)_2(PO_4)_2 \cdot 8H_2O$; tetragonal
Farbe: grün; Strich: blaßgrün; Härte: 2 – 2,5
Der zur Uranglimmergruppe gehörende Torbernit ist unter den im Schwarzwald auftretenden sekundären Uranmineralien weniger häufig als das entsprechende Arsenat, der Zeunerit. An Fundorten sind zu nennen: die Grube Clara bei Oberwolfach, Freudenstadt, Müllenbach bei Baden-Baden und im südlichen Schwarzwald Menzenschwand. Das Mineral ist ähnlich ausgebildet wie der Zeunerit und läßt sich ohne nähere Untersuchung von diesem nicht mit Sicherheit unterscheiden. Es findet sich meist in grünen, tafeligen Kristallen von quadratischem Querschnitt. Daneben sind von Baden-Baden und Menzenschwand auch

Bild 85. Torbernit (grün) mit Autunit (gelb), Grube Clara bei Oberwolfach (1,7 mm).

Bild 86. Uranocircit, Menzenschwand (Krunkelbachtal) (10,5 mm).

Kristalle bekannt geworden, die eine bipyramidale Ausbildungsform zeigen. Hierbei tritt (011) als Flächenform hervor. Wie bei den anderen Uranglimmern ist als wichtiges Erkennungsmerkmal eine vollkommene Spaltbarkeit nach der Basis vorhanden. Im UV-Licht zeigt der Torbernit im allgemeinen keine Fluoreszenz.

Lit.: 9; 144; 177; 195; 198

Uranocircit

$Ba(UO_2)_2(PO_4)_2 \cdot nH_2O$; tetragonal

Farbe: gelb, gelbgrün; Strich: blaßgelb; Härte: 2 – 2,5

Der Uranocircit, wie der Torbernit ein phosphathaltiger Uranglimmer, ist das häufigste sekundäre Uranmineral im Bereich der Uranlagerstätte von Menzenschwand. Er bildet meist tafelige Kristalle von gelber bis grünlicher Farbe, die im UV-Licht eine kräftige, gelbgrüne Fluoreszenz zeigen. Auch bipyramidal ausgebildete Kristalle kommen vor, sind aber selten. Unter den Begleitmineralien sind vor allem Bergenit und Uranophan zu erwähnen. Ersterer verdrängt stellenweise den Uranocircit als jüngere Bildung. Im Gebiet von Menzenschwand und seiner Umgebung sind neben der Uranlagerstätte im Krunkelbachtal noch weitere Uranocircitvorkommen bekannt geworden (Farnwitte, Wanne an der Feldbergstraße u.a.). Sonst ist der Uranocircit im Schwarzwald selten. Mischkristalle der Rei-

he Uranocircit-Heinrichit sind von Eisenbach beschrieben worden.
Lit.: 174; 182; 189

Uranospathit
$(HAl)_{0,5}(UO_2)_2(PO_4)_2 \cdot 20H_2O$; pseudotetragonal
Farbe: gelb; Härte: 2 – 2,5
Der Uranospathit ist eine seltene Sekundärbildung, von der im Schwarzwald bisher nur ein Vorkommen bekannt geworden ist, die Uranlagerstätte im Krunkelbachtal bei Menzenschwand.
Das Mineral bildet gelbe, meißelförmige Kristalle, die in einer Druse auf Quarz sitzen. Die Kristalle sind etwas arsenhaltig und somit Mischkristalle zwischen Uranospathit und dem später behandelten Arsenuranospathit, wobei Phosphor jedoch dominiert. Im UV-Licht ist eine grünliche Fluoreszenz von mäßiger Intensität zu beobachten.
Lit.: 202

Novacekit
$Mg(UO_2)_2(AsO_4)_2 \cdot nH_2O$; tetragonal
Farbe: gelb; Strich: blaßgelb; Härte: 2,5
Dieses magnesiumhaltige Arsenat der Uranglimmergruppe ist vor allem im Gebiet von Wittichen verbreitet und dort nicht selten mit den in der Folge behandelten Mineralien Zeunerit und Heinrichit vergesellschaftet. In der Farbe und der Ausbildungsform ähneln die gelben, tafeligen Kristalle dem Heinrichit, so daß die Gefahr einer Verwechslung dieser beiden Mineralien besteht. Der Novacekit zeigt indessen im Gegensatz zum Heinrichit keine

Bild 87. Uranospathit, Menzenschwand (Krunkelbachtal) (5,3 mm).

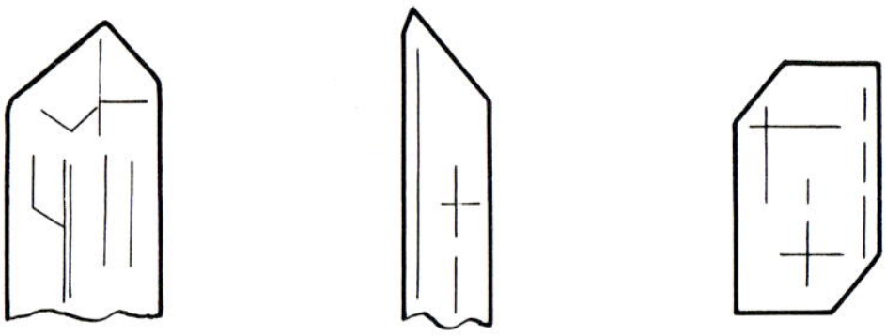

Bild 88. Novacekitkristalle, Grube Anton, Heubachtal bei Schiltach.

Bild 89 (rechts). Novacekit, Schmiedestollen-Halde, Wittichen (6,7 mm).

oder nur eine schwache Fluoreszenz im UV-Licht. Einen Anhaltspunkt bietet auch der mitunter beim Novacekit zu beobachtende wachsartige Glanz der Kristalle. Der Hauptfundort im Bergbaurevier von Wittichen ist die Schmiedestollen-Halde. Auch auf der Halde der Grube Anton bestanden früher Fundmöglichkeiten. Außerdem tritt Novacekit im Bereich der Grube Michael bei Lahr und im Gebiet von Baden-Baden (Müllenbach) auf. Im südlichen Schwarzwald ist Menzenschwand als Fundort zu nennen, doch ist das Mineral hier selten.
Lit.: 9; 173; 176; 183; 187; 193; 198

Zeunerit und Meta-Zeunerit
$Cu(UO_2)_2(AsO_4)_2 \cdot 12H_2O$ bzw.
$Cu(UO_2)_2(AsO_4)_2 \cdot 8H_2O$; tetragonal
Farbe: grün; Strich: blaßgrün; Härte: 2,5
Der Zeunerit, der mit dem Torbernit nahe verwandt ist, aber Arsen an Stelle von Phosphor enthält, ist ein im Schwarzwald relativ verbreitetes sekundäres Uranmineral. Er bildet wie der Torbernit grüne, tafelige Kristalle von mehr oder minder quadratischem Querschnitt. Im UV-Licht zeigt der Zeunerit keine oder nur eine sehr schwache Fluoreszenz. Was die Fundorte anbetrifft, so ist in erster

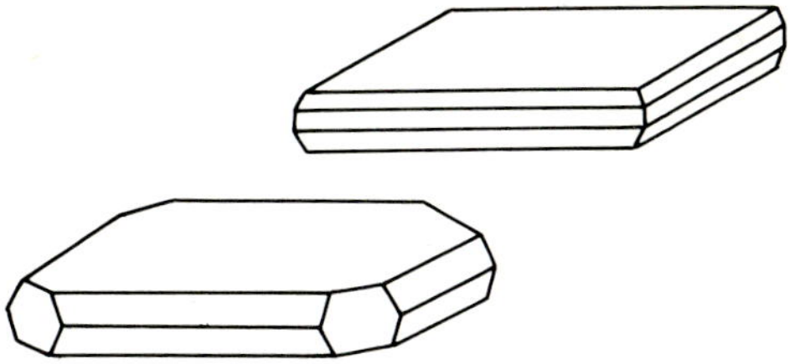

Bild 90. Zeuneritkristalle, Schmiedestollen-Halde, Wittichen.

Linie das Gebiet von Wittichen zu nennen. Hier ist es wiederum die Schmiedestollen-Halde, die die besten Fundmöglichkeiten bietet. Auch die Grube Anton im Heubachtal lieferte schöne Kristalle. An weiteren Fundorten seien erwähnt: die Grube Michael im Weiler bei Lahr, das Gebiet von Freudenstadt und Baden-Baden, im südlichen Schwarzwald Menzenschwand und die Kobaltgrube bei Sulzburg.

Lit.: 36; 73; 130; 173; 174; 176; 183; 187; 189; 190; 193; 198; 213

Meta-Kirchheimerit

$Co(UO_2)_2(AsO_4)_2 \cdot 8H_2O$; tetragonal
Farbe: blaßrosa bis blaßfleischrot;
Härte: 2 – 2,5

Dieses Glied der Uranglimmergruppe tritt als große Seltenheit auf der Sophia-Halde bei Wittichen auf, von wo es auch als neues Mineral 1958 erstmals beschrieben wurde. Das Mineral bildet schuppige Aggregate von blaßrosa Farbe, die in Vergesellschaftung mit Meta-Kahlerit krustenförmig auf zersetzter Pechblende aufgewachsen sind. Bei stärkerer Ver-

Bild 91. Zeunerit, Schmiedestollen-Halde, Wittichen (7,5 mm).

größerung lassen die Aggregate Formen von tetragonaler Symmetrie erkennen. Es sind nach (001) tafelige Kristalle, deren Ecken zum Teil unter einem Winkel von 45° abgestumpft sind. Die Seitenlänge der Kristalle erreicht nur etwa 0,05 mm.
Lit.: 173; 183; 193

Heinrichit und Meta-Heinrichit
$Ba(UO_2)_2(AsO_4)_2 \cdot 10H_2O$ bzw.
$Ba(UO_2)_2(AsO_4)_2 \cdot 8H_2O$; tetragonal
Farbe: gelb, grüngelb; Strich: blaßgelb; Härte: 2,5
Der wie die zuvor behandelten Mineralien zu den Uranglimmern gehörende Heinrichit ist vor allem im Gebiet von Wittichen eine nicht allzu seltene Sekundärbildung. Insbesondere auf der Schmiedestollen-Halde ist er verbreitet. Gute Funde wurden auch aus der Reinerzau und der Grube Anton im Heubachtal bekannt. Die kräftige grünlichgelbe Fluoreszenz im UV-Licht erleichtert das Auffinden des Minerals. Die Kristalle sind tafelig nach (001) ausgebildet und zeigen neben quadratischen Querschnittsformen auch solche, die nicht ohne weiteres mit tetragonaler Symmetrie zu vereinbaren sind. Zeunerit und mitunter auch Novacekit sind mit dem Heinrichit vergesellschaftet. Außer aus dem Gangrevier von Wittichen ist das Mineral auch aus der Grube Michael im Weiler bei Lahr und von Menzenschwand beschrieben worden.
Lit.: 47; 173; 174; 176; 183; 189; 193

Bild 93. Heinrichit, Schmiedestollen-Halde, Wittichen (7,3 mm).

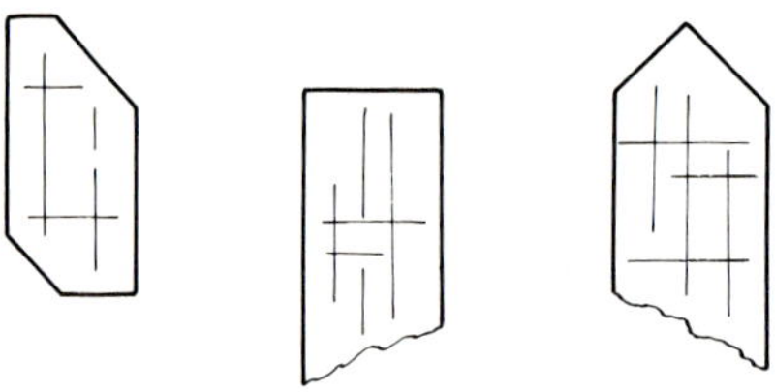

Bild 92. Heinrichitkristalle, Schmiedestollen-Halde, Wittichen.

Arsenuranospathit
$(HAl)_{0,5}(UO_2)_2(AsO_4)_2 \cdot 20H_2O$; pseudotetragonal
Farbe: weiß bis blaßgelb; Strich: weiß; Härte: ca. 2
Dieses Mineral gehört ebenfalls zur Uranglimmergruppe, weist aber wie das entsprechende Phosphatmineral, der Uranospathit, einen höheren Wassergehalt auf als die ande-

ren Glieder. Es kommt im Bereich der Uranlagerstätte von Menzenschwand im südlichen Schwarzwald vor, fand sich aber auch als Seltenheit auf zwei von der Sophia-Halde bei Wittichen stammenden Stufen krustenförmig auf angewitterter Pechblende. Die Krusten bestehen aus schuppigen Aggregaten, die blaßgelblich bis fast farblos wirken.
Was das andere Vorkommen, Menzenschwand, anbetrifft, so tritt der Arsenuranospathit hier in Vergesellschaftung mit Zeunerit, Mischkristallen der Reihe Uranocircit-Heinrichit, Uranophan, Studtit und Limonit auf Schwerspat auf. Bei stärkerer Vergrößerung sind tafelige Kristalle zu erkennen, deren seitliche Kanten mitunter etwas gekrümmt sind. Als Formen sind neben der Tafelfläche (001) noch (100) und (010) als seitliche Begrenzungsflächen vorhanden. Bevorzugtes Wachstum nach einer horizontalen Achse führt zu langprismatischen bis nadeligen Formen. Das Mineral zeigt eine schwache grünliche Fluoreszenz im UV-Licht.
Lit.: 182; 185; 193; 202

Bild 94. Bergenit, Menzenschwand (Krunkelbachtal) (4,8 mm).

Bergenit

$Ba(UO_2)_4(PO_4)_2(OH)_4 \cdot 8H_2O$; rhombisch
Farbe: gelb; Strich: hellgelb; Härte: ca. 2,5
Der Bergenit tritt im Bereich der Uranlagerstätte von Menzenschwand auf. Er ist dort unter den Sekundärbildungen relativ häufig anzutreffen. Neben erdigen und schuppigen Aggregaten bildet er tafelige Kristalle mit rechteckigem Querschnitt. Die Farbe des Minerals ist intensiv gelb. Im UV-Licht zeigt es nur eine sehr schwache Fluoreszenz. Oft ist der Bergenit mit Uranocircit vergesellschaftet und verdrängt diesen Uranglimmer als jüngere Bildung. Von anderen Fundorten im Schwarzwald ist das Mineral bisher nicht bekannt geworden.
Der mit dem Bergenit nahe verwandte, an Stelle von Ba aber Ca enthaltende Phosphuranylit wurde von der Uranlagerstätte Müllenbach bei Baden-Baden beschrieben. Er fand sich in wenig charakteristischen erdigen Krusten von gelber Farbe.
Lit.: 9; 189; 198

Hügelit

$Pb_2(UO_2)_3(AsO_4)_2(OH)_4 \cdot 3H_2O$; monoklin
Farbe: braun bis orange; Strich: lichtgelb; Härte: ca. 2,5
Dieses bleihaltige, sekundäre Uranmineral ist bisher nur von einem einzigen Fundort bekannt geworden, nämlich der Grube Michael

im Weiler bei Lahr. Von dort wurde es bereits 1913 als neue Mineralart beschrieben, jedoch irrtümlich zunächst als ein Blei-Zink-Vanadinat angesprochen. Erst in neuerer Zeit erfolgte eine Klärung seiner Zusammensetzung. Der Hügelit bildet neben feinkristallinen Krusten in Hohlräumen der im Michaelgang häufigen Hornsteinbreccie frei aufgewachsene Kristalle, die mit Hallimondit, Widenmannit, Zeunerit, Mimetesit und Cerussit vergesellschaftet sind. Die braunen bis orangefarbigen Kristalle sind nach der c-Achse gestreckt und tafelig nach (100). Als Flächenformen wurden (100), (001), (110) und (011) beobachtet. Im UV-Licht zeigt der Hügelit keine Fluoreszenz. Das Mineral ist äußerst selten. Aus neuerer Zeit liegt nur ein einziger Fund vor, der im Bereich des Pingenzuges am Hörnlesgraben gemacht wurde.
Lit.: 16; 19; 176; 184; 200

Silikate

Bismutoferrit
$Bi(OH)Fe_2(SiO_4)_2$; monoklin
Farbe: zeisiggrün, gelb; Strich: grünlich, gelblich; Härte: 3,5
Bismutoferrit tritt als Sekundärbildung im Bereich der Co-Ni-Ag-Bi-U-Erzgänge des mittleren Schwarzwaldes auf (Schmiedestollen-Halde bei Wittichen, Alpirsbach). Das Mineral bildet erdige Krusten von zitronengelber Farbe, die sich ohne nähere Untersuchung nicht eindeutig identifizieren lassen. Zu den Begleitmineralien gehören Mixit und Bismutit neben den primären Wismutmineralien gediegen Wismut und Wismutglanz.
Lit.: 62; 178; 193

Braunit
$3Mn_2O_3 \cdot MnSiO_3$; tetragonal
Farbe: bräunlichschwarz; Strich: braunschwarz; Härte: 6 – 6,5
Der Braunit gehört zu den Komponenten der

hydrothermalen eisen- und manganerzführenden Gänge des Schwarzwaldes. Als Fundort sei das Gremmelsbachtal bei Triberg und die Grube Rappenloch bei Eisenbach genannt. Das Mineral bildet oktaederähnliche Kristalle, die allerdings maximal nur eine Größe von etwa 1 mm erreichen. Sie sind mit Pyrolusit und Psilomelan vergesellschaftet. Fundmöglichkeiten an den genannten Stellen sind noch gegeben.
Lit.: 21; 69; 84; 114; 214

Bild 95. Braunit, Gremmelsbach bei Triberg (6,8 mm).

Datolith
$CaB(OH)SiO_4$; monoklin
Farbe: farblos, weiß, grünlich, gelblich; Härte: 5 – 5,5
Datolith kam in gut ausgebildeten Kristallen in Drusen des Amphibolits vom Urenkopf bei Haslach in Vergesellschaftung mit Prehnit, Pektolith und Apophyllit vor. Fundmöglichkeiten in dem aufgelassenen und als Schuttabladeplatz dienenden Steinbruch bestehen heutzutage kaum mehr. Ein weiterer, ebenfalls an einen Amphibolit gebundener Fundort befindet sich im Gebiet des Fuchsköpfle und der Bruderhalde am Roßkopf bei Freiburg. Von dort wurden kurzsäulige Kristalle der Kombination (100), (110), (120), ($\bar{1}$11), ($\bar{3}$22), (122) und (113) beschrieben. Neben Kalkspat gehört auch hier Prehnit zu den Begleitmineralien.
Lit.: 114

Cuprosklodowskit
$Cu(UO_2)_2Si_2O_7 \cdot 6H_2O$
Farbe: grün, gelbgrün; Strich: blaßgrün; Härte: 3 – 4
Dieses sekundäre Uranmineral ist bisher nur von einem Fundort im Schwarzwald bekannt geworden, nämlich der Uranlagerstätte im Krunkelbachtal bei Menzenschwand. Es ist auch hier sehr selten. Der Cuprosklodowskit bildet grasgrüne Büschel nadeliger Kristalle, die in Schwerspatdrusen sitzen. Einzelkristalle erreichen eine Länge von 3 mm. Im UV-Licht zeigt das Mineral keine Fluoreszenz. Meta-Torbernit und Malachit sind mit dem Cuprosklodowskit vergesellschaftet. Auf Grund der charakteristischen Ausbildungsform und der Farbe ist das Mineral im Gegensatz zu den meisten anderen sekundären Uranmineralien verhältnismäßig leicht zu identifizieren.
Lit.: 140; 189

Bild 96. Uranophan, Menzenschwand (Krunkelbachtal) (21,3 mm).

Uranophan
$CaH_2(UO_2)_2(SiO_4)_2 \cdot 5H_2O$; monoklin
Farbe: gelb, weißlich; Strich: blaßgelb; Härte: 2,5
Der Uranophan ist im Schwarzwald besonders im Bereich der Uranlagerstätte von Menzenschwand verbreitet. Nach dem Uranocircit ist er dort die häufigste Sekundärbildung. Auch von Wittichen (Schmiedestollen-Halde) und aus der Grube Clara bei Oberwolfach ist der Uranophan beschrieben worden. Das Mineral bildet in der Regel gelbe, nadelige Kristalle, die zu radialstrahligen Aggregatformen neigen. Daneben tritt es in Menzenschwand aber auch in weißlichen, erdigen Krusten auf, die wenig charakteristisch sind und sich nicht ohne weiteres als Uranophan ansprechen lassen. Im UV-Licht zeigt dieses Uranmineral keine deutliche Fluoreszenz.
Lit.: 174; 189; 195; 198

Beta-Uranophan
$CaH_2(UO_2)_2(SiO_4)_2 \cdot 5H_2O$; monoklin
Farbe: gelb, gelbgrün; Strich: blaßgelb; Härte: 2,5 – 3
Der Beta-Uranophan ist generell seltener als

Bild 97. Beta-Uranophan, Menzenschwand, Steinbruch beim Vorderdorf (5,3 mm).

der zuvor behandelte Uranophan, was auch für den Schwarzwald gilt. Er ist bisher nur an zwei Stellen im Gebiet von Menzenschwand (Uranlagerstätte im Krunkelbachtal, Granitsteinbruch beim Vorderdorf) nachgewiesen worden. Er bildet büschelförmige Aggregate von gelber Farbe, die aus nadeligen bis langprismatischen, mehr oder minder radialstrahlig angeordneten Kristallen bestehen. Im langwelligen UV-Licht zeigt das Mineral eine schwache Fluoreszenz, kaum dagegen im kurzwelligen. Die Unterscheidung von dem ähnlich ausgebildeten Uranophan ist mit Sicherheit nur auf Grund einer näheren Untersuchung möglich.
Lit.: 174; 189

Kasolit

$Pb(UO_2)SiO_4 \cdot H_2O$; monoklin
Farbe: gelb bis braun; Strich: blaß braungelb; Härte: ca. 4,5
Der Kasolit findet sich im Michaelgang im Weiler bei Lahr sowie im Gebiet von Menzenschwand (Krunkelbachtal, Steinbruch beim Vorderdorf). Im Michaelgang bildet er gelbe bis bräunlichgelbe Krusten, die auf Cerussit

und Hornstein sitzen. Die Krusten sind zum Teil erdig ausgebildet, bei stärkerer Vergrößerung lassen sich auch büschelförmige Aggregate erkennen, die aus lattenförmigen bis nadeligen Kriställchen bestehen. Diese sind nach der b-Achse gestreckt und tafelig nach (001). Ähnlich ist die Ausbildungsform des im Gebiet von Menzenschwand gefundenen Kasolits. Im UV-Licht weist das Mineral keine Fluoreszenz auf.
Lit.: 174; 176; 189

Hemimorphit (Kieselzinkerz)
$Zn_4Si_2O_7(OH)_2 \cdot H_2O$; rhombisch
Farbe: farblos, weiß, hellgrün, braun; Härte: 5
Hemimorphit kommt als Sekundärbildung in einigen Blei-Zink-Erzgängen des südlichen Schwarzwaldes vor; im mittleren Schwarzwald wird er von der Grube Silbereckle bei Lahr genannt. Zu den Fundorten im südlichen Schwarzwald gehören die Gänge im Schauinslandgebiet, die Grube Gottesehre bei Urberg, das Gangrevier von Wieden sowie Brandenberg, Brenden und Badenweiler.
In der Grube Hausbaden bei Badenweiler fand sich das Mineral teils in traubiger und nierenförmiger Ausbildungsform, teils in tafelförmigen Kristallen der Kombination (010), (110), (301), (011), (001), $(12\bar{1})$. In der Grube Gottesehre tritt der Hemimorphit in kugeligen, radialstrahligen Aggregaten von hellblauer und weißer Farbe auf, daneben auch in nadeligen Kristallen, die wasserklar oder etwas bläulich gefärbt sind und eine Länge von 1,5 cm erreichen. Radialstrahlig angeordnete Kristalle kommen auch in den Gängen am Schauinsland vor. Von hier stammende Kristalle lassen die Formen (010), (110) und (011) erkennen.
Lit.: 84; 114; 115

Allanit (Orthit)
$(Ce,Ca,Y)_2(Al,Fe)_3O(SiO_4)(Si_2O_7)(OH)$; monoklin
Farbe: schwarz, braunschwarz; Strich: bräunlich bis grünlich; Härte: 5,5 – 6,5
Der Allanit gehört zu den akzessorischen Gemengteilen einiger im Schwarzwald auftretender Gesteine. Insbesondere in den Gneisen ist der Allanit nicht allzu selten anzutreffen. Ein bekannter Fundpunkt dieser Art befindet sich in einem Steinbruch im Wildschapbachtal im mittleren Schwarzwald. Auch in einigen Graniten ist das Mineral vertreten, so im Blauengranit in bis 5 mm großen Kristallen im Gebiet von Bürglen an der Südwestseite des Blauens. Ebenso wird Allanit aus dem Albtalgranit erwähnt. Das Erkennen des Minerals wird dadurch erleichtert, daß um seine Kristalle oft ein rostbrauner Hof ausgebildet ist.
Lit.: 84; 112; 114; 120

Turmalin
$Na(Mg,Fe)_3Al_6(OH)_{1+3}(BO_3)_3Si_6O_{18}$; trigonal
Farbe: wechselnd, meist schwarz; Strich: weiß bis grau; Härte: 7
Der Turmalin, meist in der Form des schwarzen, eisenreichen Schörls vorliegend, ist im Schwarzwald weit verbreitet. Besonders häufig ist er im Bereich des Nordracher Granitmassivs zu finden („Turmalingranit" von Nordrach). Er tritt hier vor allem in Quarzadern auf, wie z.B. am Roßgrabeneck und dem benachbarten Schwaigwald. Die schwarzen, langsäuligen Turmalinkristalle erreichen eine beträchtliche Größe und sind oft radialstrahlig angeordnet („Turmalinsonnen").
Im nördlichen Schwarzwald ist als Turmalinfundpunkt das Gottschlägtal bei Ottenhöfen zu nennen. In dem hier aufgeschlossenen Quarzporphyr treten blaue bis blauschwarze

Turmalinsonnen auf Kluftflächen auf, die allerdings nur etwa 5 mm Durchmesser erreichen. Auch im südlichen Schwarzwald gibt es viele Turmalinvorkommen, so im Langenbachtal am Nordhang des Hochfirst bei Neustadt und bei Menzenschwand (Granitsteinbruch beim Vorderdorf).
Lit.: 46; 84; 109; 114; 188; 189; 204

Wollastonit
$CaSiO_3$; triklin
Farbe: meist weiß; Härte: 4,5 – 5
Der Wollastonit ist eine Komponente der im Schwarzwald nicht sehr häufigen Kalksilikatfelse, die Einlagerungen im Gneis bilden. Ein Kalksilikatfels-Vorkommen befindet sich im Bellenwald bei Berghaupten im mittleren Schwarzwald (oberhalb der aufgelassenen Steinbrüche). Der Wollastonit ist dort mit Diopsid, Granat, Prehnit, Klinozoisit und Scheelit vergesellschaftet. Im südlichen Schwarzwald werden der Grundbauernhof bei Rohrbach nordöstlich Furtwangen sowie das Wiesbachtal bei Eisenbach als Fundorte genannt. Der Wollastonit bildet in der Regel stengelige Kristalle und faserige Aggregate von weißer Farbe. Der Glanz ist zum Teil seidenartig.
Lit.: 114

Bild 98. Turmalin, Menzenschwand, Steinbruch beim Vorderdorf (41,9 mm).

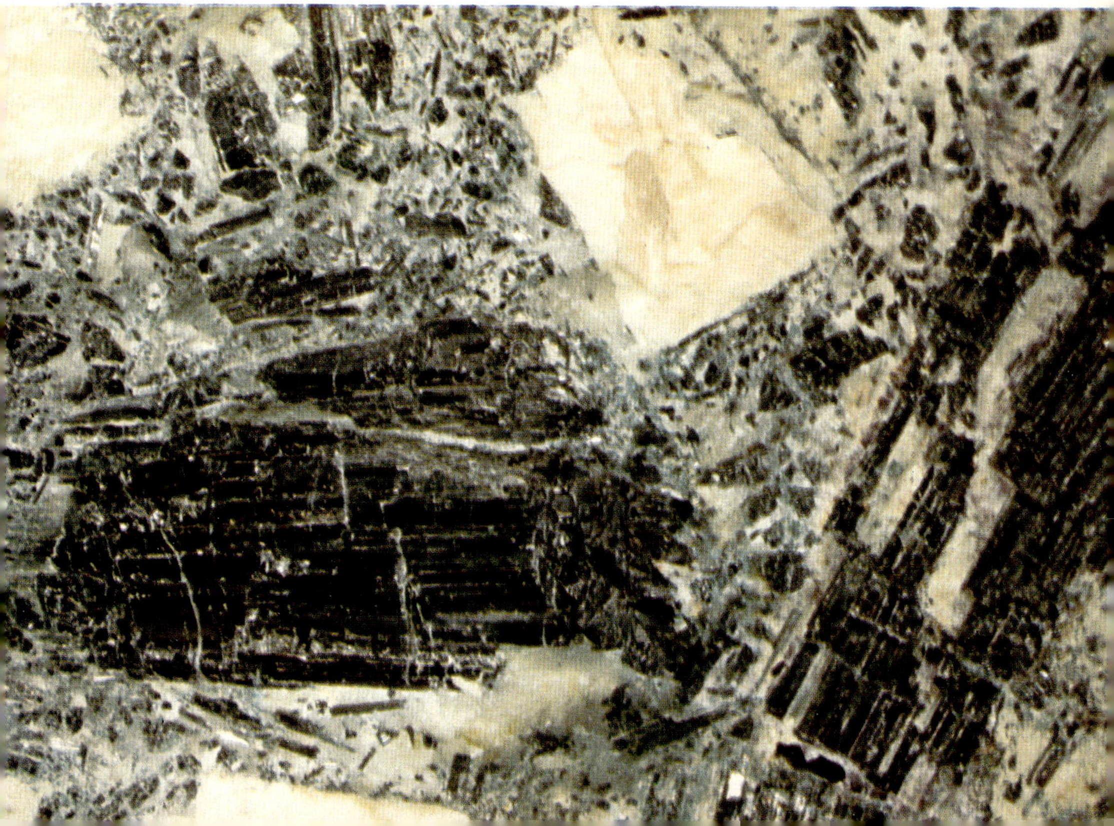

Pektolith

$NaCa_2Si_3O_8(OH)$; triklin

Farbe: weiß, grünlich; Härte: 5

Der Pektolith ist bisher nur vom Urenkopf bei Haslach bekannt geworden. Er tritt hier in Vergesellschaftung mit Prehnit, Datolith und Analcim auf Klüften des im aufgelassenen Steinbruch einst abgebauten Amphibolits auf. Die Ausbildungsform des Minerals ist charakteristisch. Es findet sich in radialstrahlige Aggregate bildenden nadeligen Kristallen von weißer bis grünlichweißer Farbe.

Lit.: 84; 114

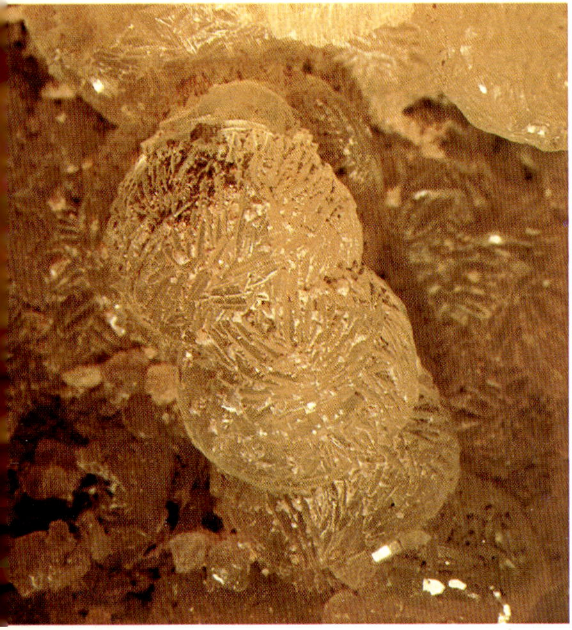

Bild 99. Prehnit, Urenkopf bei Haslach (14,1 mm).

Prehnit

$Ca_2Al_2Si_3O_{10}(OH)_2$; rhombisch

Farbe: weiß, grün; Härte: 6 – 6,5

Es gibt im Schwarzwald relativ viele Fundorte des Prehnits. Teils tritt er als Gesteinsgemengteil, teils als Kluftmineral auf. So war er ähnlich wie der zuvor behandelte Pektolith in Drusen und auf Klüften des Amphibolits vom Urenkopf bei Haslach zu finden. Er kam hier in grünen, tafeligen Kristallen vor, die in der Regel eng miteinander verwachsen sind und kugelige bzw. nierige Aggregate bilden. Auch im Bellenwald bei Berghaupten tritt Prehnit auf. Er ist hier eine Komponente der Kalksilikatgesteine und findet sich außer in derber Form in Drusen auch in kleinen Kriställchen der Kombination (001), (010) und (110). Im Heubachtal bei Schiltach (Mantelhof) ist der Prehnit mit Laumontit vergesellschaftet. Weitere Vorkommen im mittleren Schwarzwald befinden sich im Bereich der Mündung der Gutach in die Kinzig unweit von Hausach und beim Eblishof zwischen Haslach und Hofstetten.

Im südlichen Schwarzwald seien als Fundorte genannt: die Fehren bei Neustadt, Malsburg (in Granitdrusen), Fuchsköpfle und Bruderhalde am Roßkopf bei Freiburg (mit Datolith und Kalkspat auf Amphibolitklüften), Weißenfels beim Waldsee unweit Freiburg (in Pegmatitdrusen).

Lit.: 84; 114; 134

Chrysokoll

$CuSiO_3 + aq$ bzw. $Cu_4H_4(OH)_8Si_4O_{10}$; monoklin

Bild 100. Chrysokoll mit Cyanotrichit, Grube Clara bei Oberwolfach (7,5 mm).

Farbe: grün, blaugrün, blau; Strich: grünlichweiß; Härte: 2 – 4
Der Chrysokoll ist als Sekundärprodukt im Bereich kupferführender Lagerstätten recht häufig anzutreffen. Die schönsten Chrysokollstufen im Schwarzwald stammen wohl aus der Grube Friedrich-Christian im Wildschapbachtal, auf deren Halde das Mineral auch heute noch gefunden werden kann. Es ist hier meist derb ausgebildet und wirkt glasartig bzw. amorph, wozu nicht zuletzt der muschelige Bruch beiträgt. Die Farbe ist blau bis blaugrün.
Auch von der Grube Clara, aus dem Bergbaugebiet von Wittichen und Neubulach sowie von der Grube Königswart im Murgtal ist Chrysokoll beschrieben worden. Er liegt hier zum Teil auch in kleinen Sphärolithen vor. Im südlichen Schwarzwald gehören das Schauinslandgebiet, Badenweiler und die Grube Gottesehre bei Urberg zu den Fundorten.
Lit.: 130; 153; 187; 190; 193; 195; 203

Allophan
Aluminiumsilikat; amorph
Farbe: farblos, weiß, blau; Härte: 3
Kupferhaltiger Allophan wurde in neuerer Zeit unter den Sekundärbildungen des Bergbaugebiets von Wittichen (Grube Johann) und Neubulach gefunden. Das Mineral ist blau ge-

Bild 101. Allophan, Neubulach (8,5 mm).

färbt und zeigt einen muscheligen Bruch. Damit ähnelt es stark dem Chrysokoll. Es ist jedoch im Gegensatz zu letzterem meist durchsichtig und verhält sich außerdem völlig röntgenamorph und optisch isotrop. Schon länger bekannt sind als Fundorte außerdem die Grube Friedrich-Christian im Wildschapbachtal, wo das Mineral in kleintraubigen Überzügen den Malachit begleitet, die Grube Lorenz am Spitzberg bei Wolfach, Badenweiler und Sulzburg.
Lit.: 23; 114; 130; 168; 187; 193; 203

Laumontit
$Ca(Al_2Si_4)O_{12} \cdot 4H_2O$; monoklin
Farbe: weiß, blaßgelb, blaßrot; Härte: 3 – 3,5

Ein bekannter Laumontitfundort befindet sich in der Nähe des Mantelhofs im Heubachtal bei Schiltach. Das zur Zeolithgruppe gehörende Mineral tritt hier auf Klüften im Gneis auf und ist mit Prehnit vergesellschaftet. Es bildet blättrige Aggregate von hellrötlicher Farbe. Auch noch an anderen Stellen im Kinziggebiet soll Laumontit auf Klüften im Gneis vorgekommen sein. Aus dem südlichen Schwarzwald wurden Pseudomorphosen von Prehnit nach Laumontit vom Fuchsköpfle bei Freiburg beschrieben.
Lit.: 102; 114; 134

Verzeichnis der im Schwarzwald auftretenden Mineralien

(ohne unbenannte Mineralarten)[1]

Elemente

Kupfer
Silber
Gold
Blei (?)
Arsen
Antimon
Wismut
Graphit
Schwefel

Sulfide (mit Antimoniden und Arseniden)

Dyskrasit (Antimonsilber)
Kupferglanz (Chalkosin)
Digenit
Maucherit
Bornit (Buntkupferkies)
Silberglanz (Argentit bzw. Akanthit)
Stromeyerit
Pentlandit
Zinkblende (Sphalerit)
Lautit
Voltzin
Kupferkies (Chalkopyrit)
Luzonit
Tennantit (Arsenfahlerz)
Tetraedrit (Antimonfahlerz)
Wurtzit (?)
Greenockit
Enargit
Sternbergit
Argentopyrit
Magnetkies (Pyrrhotin)
Rotnickelkies (Nickelin)
Breithauptit
Millerit
Bleiglanz (Galenit)
Clausthalit
Miargyrit
Schapbachit
Zinnober (Cinnabarit)
Covellin
Idait
Linneit
Violarit
Antimonglanz (Antimonit)
Wismutglanz (Bismuthinit)
Kermesit
Pyrit
Kobaltglanz (Cobaltin) (?)
Gersdorffit
Ullmannit
Alloklas
Markasit
Löllingit
Safflorit
Rammelsbergit
Pararammelsbergit
Arsenkies (Arsenopyrit)
Molybdänglanz (Molybdänit)
Speiskobalt (Skutterudit)
Chloanthit (?)
Proustit
Pyrargyrit
Xanthokon
Pyrostilpnit

---

[1] Die im Text beschriebenen Mineralien sind kursiv gedruckt.

Emplektit
Wittichenit
Berthierit
Stephanit
Pearceit
Arsenpolybasit
Polybasit
Bournonit
Aikinit
Fizelyit
Andorit
Geokronit
Fülöppit (?)
Zinckenit
Plagionit
Jamesonit
Semseyit
Boulangerit
Realgar
Auripigment
Metastibnit

Halogenide
Steinsalz (Halit)
Chlorargyrit (?)
Sellait
Flußspat (Fluorit)
Atacamit (?)

Oxide und Hydroxide
Cuprit
Tenorit
Delafossit
Massicotit (?)
Spinell
Magnetit
Chromit
Hausmannit
Mennige
Valentinit
Arsenolith
Senarmontit
Bismit
Bixbyit (Sitaparit)
Korund
Hämatit (Eisenglanz)
Ilmenit
Perowskit
Stibiconit
Roméit
Bindheimit
Quarz
Tridymit
Opal
Rutil
Zinnstein (Cassiterit)
Pyrolusit
Kryptomelan
Hollandit
Manganogel
Psilomelan
Tripuhyit
Anatas
Brookit
Wolframit (Ferberit und Hübnerit)
Cervantit
Pechblende (Uraninit)
Goethit (Nadeleisenerz)
Manganit
Lepidokrokit (Rubinglimmer)
Siderogel
Heterogenit
Chalkophanit
Heubachit
Meymacit
Ianthinit
Billietit
Wölsendorfit
Schoepit
Vandendriesscheit
Curit
Studtit

Karbonate
Zinkspat (Smithsonit)
Eisenspat (Siderit)
Manganspat (Rhodochrosit)
Kalkspat (Calcit)
Dolomit
Ankerit
Aragonit
Strontianit
Cerussit
Azurit
Malachit
Hydrozinkit
Aurichalcit
Bastnäsit
Synchisit
Bismutit
Beyerit
Monohydrocalcit
Zaratit
Rutherfordin
Joliotit
Liebigit
Schröckingerit
Widenmannit

Sulfate, Molybdate, Wolframate
Anhydrit
Cölestin
Schwerspat (Baryt)
Anglesit
Antlerit
Brochantit
Linarit
Jarosit
Weilerit
Hinsdalit
Hidalgoit
Beudantit
Boyleit
Chalkanthit (Kupfervitriol)
Nickelhexahydrit
Melanterit
Bieberit
Epsomit (Bittersalz)
Goslarit (Zinkvitriol)
Morenosit
Kalialaun
Gips
Posnjakit
Langit
Cyanotrichit (?)
Devillin
Uranopilit
Zippeit
Johannit
Powellit
Scheelit
Stolzit
Wulfenit
Cuprotungstit

Phosphate, Arsenate und Vanadate
Weilit
Xenotim
Monazit
Rooseveltit
Rhabdophan
Olivenit
Adamin
Pseudomalachit
Cornwallit
Cornubit
Cornetit
Klinoklas
Konichalcit
Duftit
Descloizit
Bayldonit
Tsumcorit
Arsenbrackebuschit
Crandallit

Gorceixit
Dussertit
Apatit
Pyromorphit
Mimetesit
Vanadinit (?)
Atelestit
Sainfeldit
Mansfieldit
Skorodit
Vivianit
Hörnesit
Parasymplesit
Ferrisymplesit
Kobaltblüte (Erythrin)
Nickelblüte (Annabergit)
Köttigit
Rößlerit (?)
Roselith
Pikropharmakolith
Haidingerit
Pharmakolith
Rauenthalit
Machatschkiit
Strashimirit
Beraunit
Pitticit
Chenevixit
Arthurit
Tirolit
Chalkophyllit
Pharmakosiderit
Barium-Pharmakosiderit
Barium-Alumopharmakosiderit
Arseniosiderit
Lavendulan
Mixit
Chlorotil-(Ce)
Chlorotil-(La)
Chlorotil-(Nd)
Chlorotil-(Dy)
Chlorotil-(Y) (Agardit)
Walpurgin
Hallimondit
Saléeit
Bassetit
Torbernit (und Meta-Torbernit)
Autunit (und Meta-Autunit)
Uranocircit (Uranocircit I, II und Meta-Uranocircit I, II)
Uranospathit
Novacekit (Novacekit I, II und Meta-Novacekit)
Meta-Kahlerit
Zeunerit (und Meta-Zeunerit)
Uranospinit
Meta-Kirchheimerit
Heinrichit (und Meta-Heinrichit)
Arsenuranospathit
Phosphuranylit
Bergenit
Arsenuranylit
Hügelit
Tujamunit

Silikate
Olivin
Almandin
Grossular
Zirkon
Uranothorit
Coffinit
Eulytin
Sillimanit
Andalusit
Cyanit (Disthen)
Topas
Staurolith
Bismutoferrit
Braunit
Thaumasit
Titanit

Datolith
Dumortierit
Cuprosklodowskit
Sklodowskit (?)
Uranophan
Beta-Uranophan
Kasolit
Bariumuranophan
Weeksit
Soddyit
Melilith
Hemimorphit (Kieselzinkerz)
Klinozoisit
Epidot
Allanit (Orthit)
Zoisit
Vesuvian
Beryll
Cordierit
Turmalin
Diopsid
Augit
Enstatit
Bronzit
Aktinolith
Hornblende
Anthophyllit
Gedrit
Wollastonit
Pektolith
Prehnit
Apophyllit
Talk
Muskovit
Seladonit
Biotit
Zinnwaldit
Montmorillonit
Nontronit
Chlorit (Prochlorit u.a.)
Kaolinit
Dickit
Nakrit
Antigorit
Halloysit
Meta-Halloysit
Chrysokoll
Allophan
Hisingerit (?)
Nephelin
Analcim
Orthoklas
Mikroklin
Albit
Plagioklas
Hauyn
Skapolith
Thomsonit
Laumontit
Stilbit (Desmin)
Brewsterit

*Übersicht der Paragenesen wichtiger Mineralfundpunkte**

Gangrevier von Wittichen
Kupfer
Silber
Arsen
Wismut
Kupferglanz (Chalkosin)
Bornit (Buntkupferkies)
Silberglanz (Argentit)
Zinkblende (Sphalerit)
Kupferkies (Chalkopyrit)
Tennantit (Arsenfahlerz)
Tetraedrit (Antimonfahlerz)
Rotnickelkies (Nickelin)
Bleiglanz (Galenit)
Covellin
Idait
Wismutglanz (Bismuthinit)
Pyrit
Kobaltglanz (Cobaltin) (?)
Alloklas
Markasit
Löllingit
Safflorit
Rammelsbergit
Pararammelsbergit
Arsenkies (Arsenopyrit)
Skutterudit (Speiskobalt)
Chloanthit (?)
Proustit
Xanthokon
Emplektit
Wittichenit
Stephanit
Realgar
Auripigment
Flußspat (Fluorit)
Cuprit
Arsenolith
Bismit
Hämatit (Eisenglanz)
Quarz
Manganogel
Psilomelan
Uraninit (Pechblende)
Goethit (Nadeleisenerz)
Lepidokrokit (Rubinglimmer)
Siderogel
Heubachit
Billietit
Eisenspat (Siderit)
Kalkspat (Calcit)
Ankerit
Aragonit
Azurit
Malachit
Synchisit
Bismutit
Beyerit
Monohydrocalcit
Rutherfordin
Schröckingerit
Anhydrit
Schwerspat (Baryt)
Brochantit
Chalkanthit (Kupfervitriol)

---

*Die Reihenfolge entspricht wie zuvor der Einteilung der Mineralien nach ihrer chemischen Zusammensetzung.

Bieberit (Kobaltvitriol)
Gips
Posnjakit
Langit
Weilit
Xenotim
Olivenit
Cornwallit
Cornubit
Konichalcit
Dussertit
Atelestit
Sainfeldit
Skorodit
Hörnesit
Parasymplesit
Kobaltblüte (Erythrin)
Nickelblüte (Annabergit)
Rößlerit (?)
Roselith
Pikropharmakolith
Haidingerit
Pharmakolith
Rauenthalit
Pitticit
Tirolit
Barium-Pharmakosiderit
Arseniosiderit
Lavendulan
Mixit
Chlorotil-(Ce)
Chlorotil-(Nd)
Chlorotil-(Dy)
Chlorotil-(Y) (Agardit)
Walpurgin
Novacekit (Novacekit I, Novacekit II, Meta-Novacekit)
Zeunerit (und Meta-Zeunerit)
Uranospinit
Meta-Kahlerit
Meta-Kirchheimerit
Heinrichit (und Meta-Heinrichit)
Arsenuranospathit
Coffinit
Eulytin
Bismutoferrit
Uranophan
Muskovit (Sericit)
Chlorit
Kaolinit
Allophan

Grube Clara bei Oberwolfach

Kupfer
Silber
Arsen
Wismut
Schwefel
Kupferglanz (Chalkosin)
Digenit
Silberglanz (Argentit)
Zinkblende (Sphalerit)
Kupferkies (Chalkopyrit)
Luzonit
Tennantit (Arsenfahlerz)
Enargit
Bleiglanz (Galenit)
Covellin
Pyrit
Markasit
Arsenkies (Arsenopyrit)
Proustit
Emplektit
Geokronit
Sellait
Flußspat (Fluorit)
Cuprit
Delafossit
Hämatit (Eisenglanz)
Roméit
Quarz
Kryptomelan

Manganogel
Tripuhyit
Ferberit
Hübnerit
Uraninit (Pechblende)
Goethit (Nadeleisenerz)
Manganit
Lepidokrokit (Rubinglimmer)
Siderogel
Meymacit
Eisenspat (Siderit)
Kalkspat (Calcit)
Dolomit
Strontianit
Cerussit
Azurit
Malachit
Bismutit
Bastnäsit
Schwerspat (Baryt)
Anglesit
Antlerit
Brochantit
Jarosit
Weilerit
Beudantit
Chalkanthit (Kupfervitriol)
Gips
Langit
Cyanotrichit (?)
Scheelit
Stolzit
Cuprotungstit
Rhabdophan
Olivenit
Cornwallit
Cornubit
Klinoklas
Duftit
Bayldonit
Arsenbrackebuschit
Dussertit
Pyromorphit
Mimetesit
Skorodit
Kobaltblüte (Erythrin)
Strashimirit
Beraunit
Chenevixit
Arthurit
Chalkophyllit
Barium-Pharmakosiderit
Chlorotil-(Ce)
Torbernit (und Meta-Torbernit)
Meta-Autunit
Uranophan
Kaolinit
Meta-Halloysit
Chrysokoll
Kalifeldspat (Adular)

Neubulach

Kupfer
Kupferglanz (Chalkosin)
Digenit
Bornit (Buntkupferkies)
Kupferkies (Chalkopyrit)
Fahlerz
Zinnober (Cinnabarit)
Covellin
Pyrit
Emplektit
Cuprit
Tenorit
Hämatit (Eisenglanz)
Stibiconit
Quarz
Manganogel
Kupfermanganerz (Lampadit)
Goethit (Nadeleisenerz)
Lepidokrokit (Rubinglimmer)
Siderogel

Eisenspat (Siderit)
Manganspat (Rhodochrosit)
Kalkspat (Calcit)
Dolomit
Ankerit
Azurit
Malachit
Bismutit
Beyerit
Schwerspat (Baryt)
Brochantit
Langit
Rooseveltit
Olivenit
Adamin
Pseudomalachit
Cornwallit
Cornubit
Konichalcit
Crandallit
Pyromorphit
Atelestit
Mansfieldit
Strashimirit
Pitticit
Tirolit
Chalkophyllit
Barium-Pharmakosiderit
Barium-Alumopharmakosiderit
Arseniosiderit
Mixit
Chlorotil-(Ce)
Chrysokoll
Allophan
Hisingerit (?)

Grube Wenzel bei Oberwolfach
Silber
Antimon
Dyskrasit (Antimonsilber)
Silberglanz (Argentit)
Zinkblende (Sphalerit)
Kupferkies (Chalkopyrit)
Tetraedrit (Antimonfahlerz)
Rotnickelkies (Nickelin)
Millerit
Bleiglanz (Galenit)
Antimonglanz (Antimonit)
Pyrit
Gersdorffit
Markasit
Arsenkies (Arsenopyrit)
Skutterudit (Speiskobalt)
Xanthokon
Pyrargyrit
Pyrostilpnit
Stephanit
Polybasit
Plagionit
Chlorargyrit (?)
Flußspat (Fluorit)
Valentinit
Quarz
Kalkspat (Calcit)
Ankerit
Malachit
Schwerspat (Baryt)
Anglesit
Gips
Kobaltblüte (Erythrin)
Nickelblüte (Annabergit)

Grube Ludwig im Adlersbachtal bei Hausach
Gold
Antimon
Schwefel
Zinkblende (Sphalerit)
Fahlerz
Bleiglanz (Galenit)
Antimonglanz (Antimonit)
Pyrit
Markasit

Arsenkies (Arsenopyrit)
Pyrostilpnit
Bournonit
Fizelyit
Andorit
Zinckenit
Plagionit
Jamesonit
Semseyit
Metastibnit
Valentinit
Bindheimit
Quarz
Kalkspat (Calcit)
Ankerit
Cerussit
Hydrozinkit
Schwerspat (Baryt)
Gips
Muskovit

Grube Michael im Weiler bei Lahr
Kupfer
Blei (?)
Arsen
Wismut
Graphit
Schwefel
Zinkblende (Sphalerit)
Voltzin
Kupferkies (Chalkopyrit)
Fahlerz
Wurtzit (?)
Greenockit
Bleiglanz (Galenit)
Covellin
Pyrit
Markasit
Realgar
Auripigment
Quarz
Goethit (Nadeleisenerz)
Siderogel
Zinkspat (Smithsonit)
Kalkspat (Calcit)
Dolomit
Aragonit
Cerussit
Malachit
Widenmannit
Schwerspat (Baryt)
Anglesit
Weilerit
Hidalgoit
Beudantit
Wulfenit
Adamin
Bayldonit (?)
Tsumcorit
Mimetesit
Parasymplesit
Kobaltblüte (Erythrin) (?)
Nickelblüte (Annabergit) (?)
Köttigit
Pitticit
Hallimondit
Novacekit
Zeunerit
Meta-Heinrichit
Hügelit
Kasolit
Hemimorphit (Kieselzinkerz)
Montmorillonit
Mineral der Kaolinitgruppe
Halloysit

Menzenschwand (Krunkelbachtal)
Wismut
Kupferglanz (Chalkosin)
Digenit
Kupferkies (Chalkopyrit)
Rotnickelkies (Nickelin)

Claustalit
Covellin
Markasit
Löllingit
Safflorit
Arsenkies (Arsenopyrit)
Rotgültigerz
Flußspat (Fluorit)
Hämatit (Eisenglanz)
Quarz
Psilomelan
Uraninit (Pechblende)
Goethit (Nadeleisenerz)
Lepidokrokit (Rubinglimmer)
Ianthinit
Billietit
Wölsendorfit
Schoepit
Vandendriesscheit
Curit
Studtit
Malachit
Rutherfordin
Joliotit
Schwerspat (Baryt)
Brochantit
Uranopilit
Zippeit
Johannit
Barium-Pharmakosiderit
Saléeit
Bassetit
Torbernit (und Meta-Torbernit)
Autunit
Uranocircit (Uranocircit II und Meta-Uranocircit II)
Novacekit
Kahlerit
Zeunerit (und Meta-Zeunerit)
Meta-Heinrichit
Uranospathit
Arsenuranospathit
Bergenit
Arsenuranylit
Coffinit
Cuprosklodowskit
Sklodowskit (?)
Uranophan
Beta-Uranophan
Kasolit
Bariumuranophan
Weeksit
Soddyit
Nontronit

Grube Gottesehre bei Urberg

Silber
Arsen
Kupferglanz (Chalkosin)
Bornit (Buntkupferkies)
Skutterudit (Speiskobalt)
Zinkblende (Sphalerit)
Kupferkies (Chalkopyrit)
Fahlerz
Greenockit
Rotnickelkies (Nickelin)
Millerit
Bleiglanz (Galenit)
Covellin
Pyrit
Markasit
Safflorit
Skutterudit (Speiskobalt)
Proustit
Xanthokon
Flußspat (Fluorit)
Cuprit
Hämatit (Eisenglanz)
Quarz
Wad
Limonit
Eisenspat (Siderit)

Kalkspat (Calcit)
Dolomit
Ankerit
Aragonit
Strontianit
Cerussit
Malachit
Schwerspat (Baryt)
Anglesit
Gips
Wulfenit
Pyromorphit
Mimetesit
Kobaltblüte (Erythrin)
Nickelblüte (Annabergit)
Mixit (?)
Uranglimmer
Hemimorphit
Chrysokoll
Kaolinit

Nachtrag

Gangrevier von Wittichen

Aikinit
Digenit
Luzonit
Pearceit
Arsenpolybasit
Machatschkiit

Grube Clara bei Oberwolfach

Rammelsbergit
Pyrargyrit
Connellit
Chukhrovit
Bindheimit
Pyrolusit
Cervantit
Linarit
Raspit
Adamin (Cuproadamin)
Gorceixit
Kobaltblüte (Erythrin)
Nickelblüte (Annabergit)
Arseniosiderit
Meta-Novacekit
Meta-Zeunerit

Mineralien, deren Erstbeschreibung sich auf einen Fundort im Schwarzwald bezieht

Schapbachit

Wittichenit

Heubachit

Joliotit

Widenmannit

Weilerit

Boyleit

Weilit (neben Schneeberg und Markirch)

Tsumcorit

Arsenbrackebuschit

Pharmakolith

Machatschkiit

Barium-Pharmakosiderit

Barium-Alumopharmakosiderit

Hallimondit

Meta-Kirchheimerit

Heinrichit (und Meta-Heinrichit)

Arsenuranospathit

Hügelit

Literaturverzeichnis

Werke von größerem Umfang, die sich nicht nur auf Einzellagerstätten beziehen, werden durch Fettdruck der Nummer hervorgehoben. Um den Umfang des Literaturverzeichnisses in Grenzen zu halten, wurde die ältere Literatur, über die man sich – soweit sie den badischen Teil des Schwarzwaldes anbetrifft – im **Werk von Osann (1927) informieren kann, nur teilweise berücksichtigt.**

1) Abels, J.: Über einige Schwerspatlagerstätten des mittleren Schwarzwaldes. – Jb. preuß. geol. Landesanstalt, 43, S. 323 –337, 1923.

2) Abraham, K., Kautz, K., Tillmanns, E. & Walenta, K.: Arsenbrackebuschite, $Pb_2(Fe,Zn)(OH,H_2O)[AsO_4]_2$, a new arsenate mineral. – N. Jb. Miner. Mh. (1978), S. 193 – 196, 1978.

3) Apfelbach, R.: Die Nickel-Magnetkieserze von Horbach bei St. Blasien und Todtmoos (Südschwarzwald). – Diplomarb. Stuttgart 1971 (Mskr.).

4) Beyer, A.: Beyträge zur Bergbaukunde. – Dresden 1794.

5) Bock, T.H.: Der Granit von Nordrach, seine Minerale und seine Stellung im Rahmen des Mittelschwarzwälder Grundgebirges. – Diss. Freiburg i. Br. 1960 (Mskr.).

6) Bräuhäuser, M.: Altwürttembergs Bergbau im Alpirsbacher Klosteramt. – Württ. Jb. Statist. Landeskde., 2, S. 314 – 365, 1911.

7) –: Die Bodenschätze Württembergs. – Stuttgart 1912.

8) Braun, M.: Sur les mines de cobalt et argent de la forêt Noire (grand-duché de Bade). – Ann. des Mines, III sér., 18, S. 145 – 152, Paris 1840.

9) Bültemann, H.-W.: Die Uranvorkommen Ellweiler in Rheinland-Pfalz und Menzenschwand im Schwarzwald. – Erzmetall, 18, S. 79 – 83. 1965.

10) Bull, A.: Das Urberger Schatzkästlein. – Aufschluß, 14, S. 237 – 238, 1963.

11) Carato, v.: Haubtbericht über die in den K.K. Vorlanden wirklich im Bau stehenden, und einigen von den alten aufgelassenen Bergwerken, und über die von allerhöchstem Ort gestellte Frage Wie der Bergbau in diesseitigen Vorlanden emporgebracht werden könnte. – Blatt 1 – 200, Freyburg 1786. Generallandesarchiv Karlsruhe, Akten Breisgau-Generalia, Fasz. No. 141.

12) Daub: Der Bergbau des Münsterthals bei Freiburg, in technischer Beziehung. – Arch. Miner. v. Karsten u. v. Dechen, 20, S. 501 – 680, Berlin 1846.

13) Degens: Geochemische Untersuchungen im Nebengestein fluorbarytischer Co-Ni-Bi-U-Erzgänge des mittleren Schwarzwaldes. – Glückauf, 92, S. 842 – 852, 1956.

14) Dürrfeld, V.: Mitteilungen aus dem mineralogischen Institut der Universität Straßburg. 8. Cerussit und Pyromorphit von Reichenbach bei Lahr (Schwarzwald). – Z. Kristallogr. 50, S. 586 – 589, 1912.

15) –: Mitteilungen aus dem mineralogischen Institut der Universität Straßburg. 10. Wulfenit von Reichenbach bei Lahr (Schwarzwald). – Z. Kristallogr., 50, S. 590, 1912.

16) –: Über Krystalle eines wasserhaltigen Blei-Zink-Vanadinats von Reichenbach bei Lahr (Schwarzwald). – Z. Kristallogr., 51, S. 278 – 279, 1913.

17) –: Adamin von Reichenbach bei Lahr (Schwarzwald). – Z. Kristallogr., 51, S. 279, 1913.

18) –: Über Kupferuranit von Reichenbach bei Lahr (Schwarzwald). – Z. Kristallogr., 51, S. 279, 1913.

19) –: Über einige bemerkenswerte Mineralvorkommen des Kinzigtales (Schwarzwald). 4. Hügelit, ein neues wasserhaltiges Blei-Zink-Vanadinat von Reichenbach bei Lahr. – Z. Kristallogr., 53, S. 183, 1914.

20) Ehrhard, C.F.: Badisches Mineralreich. – Mag. von u. für Baden, 1, S. 105 – 140, 285 – 358, Carlsruhe 1802.

21) Faisi, S.: Die Eisen- und Manganerzgänge von Eisenbach (südöstlicher Schwarzwald). – N. Jb. Miner., 83, S. 53 – 150, 1952.

22) Fettel, M.: Mineralienfunde bei Hornberg im Schwarzwald. – Aufschluß, 22, S. 216 – 217, 1971.

23) Fischer, G.: Die Gesteine und Erzgänge der Umgebung von St. Ulrich im südwestlichen Schwarzwald. – Diss. Freiburg i. Br. 1943 (Mskr.).

24) Föhrenbach, O.: Der Badische Bergbau in seiner wirtschaftlichen Bedeutung vom Ausgang des Mittelalters bis zur Gegenwart. – Diss. Freiburg i. Br. 1910.

25) Fraas, O.: Die nutzbaren Minerale Württembergs. – Stuttgart 1860.

26) Frank, M.: Die Neubulacher Erzgänge. – Württ. Jh. Statist. Landeskde. (1936/37), S. 102 – 113, 1938.

27) -: Die Freudenstädter Erzgänge im württembergischen Schwarzwald. – Württ. Jh. Statist. Landeskde. (1938/39), S. 1 – 22, 1940.

28) –: Technische Geologie der Bodenschätze Württembergs. – Stuttgart 1949.

29) Fricke, G.: Ein edler Quarzgang im Artenberg bei Steinach (Schwarzwald). – Aufschluß, 4, S. 90 – 91, 1953.

30) –: Das Nickelerzvorkommen in der Grube „Gottes Ehre" bei Oberbildstein im Südschwarzwald. – Aufschluß, 15, S. 22 – 23, 1964.

31) –: Das Uranerzvorkommen von Menzenschwand im Südschwarzwald. – Urner Mineralienfreund, 3, S. 25 – 26, 1965.

32) –: Molybdänglanzfund im Artenberg bei Steinach i.K., Schwarzwald. – Aufschluß, 17, S. 110, 1966.

33) –: Titanmineralien von Steinach, Mittlerer Schwarzwald. – Aufschluß, 25, S. 468 – 469, 1974.

34) –: Weitere Beobachtungen zum Mineralbestand der Grube Clara bei Oberwolfach im Schwarzwald. – Aufschluß, 29, S. 129 – 130, 1978.

35) Garcia-Gonzales, M.T. & Wimmenauer, W.: Mineralogische und geochemische Untersuchungen an tektonischen Störungszonen im Grundgebirge des Schwarzwaldes. I. Ruschelzonen in Gneisen und Anatexiten. – Ber. naturforsch. Ges. Freiburg i. Br., 65, S. 97 – 118, 1975.

36) Geffroy, Y. & Lenoble, A.: Note sur le gisement uranifère de Sägmühlen près Sulzburg (Forêt Noire). Sa place parmi les gîtes uranifères européens. – Bull.

Soc. géol. France, (6) 3, S. 441 – 450, 1953.
37) GEHLEN, K. v.: Erzgänge und Bergbau zwischen Schönau im Schwarzwald und Belchen. – Ber. naturforsch. Ges. Freiburg i. Br., 43, S. 93 – 120, 1955.
38) –: Gesteine und Blei-Zinkführende Flußspatgänge zwischen Feldberg und Belchen im Hochschwarzwald. – Teil II. N. Jb. Miner., 88, S. 15 – 54, 1955.
39) –, NIELSEN, H. & RICKE, W.: Schwefel-Isotopen-Verhältnisse in Baryt und Sulfiden aus hydrothermalen Gängen im Schwarzwald und jüngeren Barytgängen in Süddeutschland und ihre genetische Bedeutung. – Geochim. Cosmochim. Acta, 26, S. 1189 – 1207, 1962.
40) –, SEHLKE, K. & WECHT, P.: Gesteine und Blei-Zinkführende Flußspatgänge zwischen Feldberg und Belchen im Hochschwarzwald. Teil I. – N. Jb. Miner., 88, S. 1 – 14, 1955.
41) –, ZEINO, H., MURAD, E. & SAMMAN, A.: Neue Ergebnisse zur Genese der Vererzung im südlichen Schwarzwald. Z. Dtsch. Geol. Ges., 121, S. 75 – 78, 1970.
42) GEIER, B.: Die Kupferwismuterze von Neubulach im Schwarzwald. – Z. prakt. Geol., 41, S. 137 – 146, 1933.
43) –: Geochemische Beobachtungen über die nordschwarzwälder Erzlagerstätten. – Z. Berg-, Hütten- u. Salinenwesen, 82, S. 211 – 217, 1934.
44) GEYER, O.F. & GWINNER, M.P.: Einführung in die Geologie von Baden-Württemberg. – 2. Aufl., Stuttgart 1968.
45) GLAS, M. & SCHMELTZER, H.: Mineralfundstellen Band 3. Baden-Württemberg. – München 1976.
46) GÖLZ, E.: Lagerstättenkundliche Untersuchungen im Gebiet des Triberger Granits unter besonderer Berücksichtigung der Zinnsteinvorkommen. – Diplomarb. Stuttgart 1970 (Mskr.).
47) GROSS, E.B., COREY, A.S., MITCHEL, R.S. & WALENTA, K.: Heinrichite and metaheinrichite, hydrated barium uranyl arsenate minerals. – Amer. Miner., 43, S. 1134 – 1143, 1958.
48) GRUNDMANN, G.: Neues über Silbererze vom Tannenbodengang bei Wieden (Südschwarzwald). – Aufschluß, 22, S. 195 – 200, 1971.
49) GYSSER, K.A.: Mineralien und deren Benutzung im Großherzogthum Baden. – Karlsruhe 1819.
50) HAUPTMANN, A.: Zur Petrographie und Radioaktivität des Kirchheimerstollens. – Diplomarb. Freiburg i. Br. 1976 (Mskr.).
51) HENGLEIN, M.: Uranmineralien auf Erzgängen im badischen Schwarzwald. – Z. prakt. Geol., 20, S. 325 – 326, 1912.
52) –: Ein Uranmineralien führender Gang der barytischen Bleierzformation im Weiler und Gereuth unweit der Ruine Geroldseck bei Reichenbach (Amt Lahr). – Z. prakt. Geol., 21, S. 261 – 268, 1913.
53) –: Erz- und Minerallagerstätten des Schwarzwaldes. – Stuttgart 1924.
54) –: Die Blei-Zinklagerstätte von Bleibach im Elztal. – Festschr. Hundertjahrfeier Techn. Hochsch. Karlsruhe 1925.
55) –: Die in neuerer Zeit bergmännisch bearbeiteten Lagerstätten des Schwarzwaldes. – Glückauf, 64, S. 1547 – 1553, 1579 – 1584, 1928.
56) –: Die Fluß- und Schwerspatgänge bei Pforzheim. – Z. prakt. Geol., 42, S. 113 – 116, 1934.
57) HILLE, H.: Aufschluß eines Mineralvorkommens in Friedenweiler bei Neustadt. –

Mitt. bad. Landesver. Naturkunde u. Naturschutz, N.F. 10, S. 641–642, 1972.

58) –, MAUS, H. & MÖHRLE, K.: Mineralfunde bei Wieden, Landkreis Lörrach, Baden. Mitt. bad. Landesver. Naturkunde u. Naturschutz, N.F. 11, S. 7, 1973.

59) HILLER, J.-E. & WALENTA, K.: Zwei Mineralien der Andorit-Ramdohrit-Fizelyit-Gruppe aus dem Schwarzwald. – N. Jb. Miner., Festband Ramdohr, 92, S. 1160 – 1168, 1960.

60) HOENES, D.: Gesteine und Erzlagerstätten im Schwarzwälder Grundgebirge zwischen Schauinsland, Untermünstertal und Belchen. – N. Jb. Miner., etc. 72, Abt. A, S. 265 – 346, 1937.

61) HOFFMANN, H.: Zur Frage der sekundär-hydrothermalen Entstehung der Mineralgänge im Deckgebirge des nordöstlichen Schwarzwaldes. – Diss. Karlsruhe 1956 (Mskr.).

62) HORN, E.E. & KLUTH, C.: „Antimon-Hypochlorit“ aus Wittichen ist Bismutoferrit. – Aufschluß, 24, S. 85 – 86, 1973.

63) HURRLE, H.: Ocelli- und Mandelbildung der ultrabasischen Basalte im Kalisalzlager Buggingen und im Kristallin des Schwarzwaldes. – Jh. geol. Landesamt Baden-Württemberg, 18, S. 19–37, 1976.

64) ISLER, H.: Ohlsbacher „Turmalinsonnen“ sind Apatite. – Aufschluß, 18, S. 190, 1967.

65) KAPF, F.: Von den Fürstenbergischen Bergwerken. – Schlözer's Briefwechsel, 3. Theil, H. XV, S. 171 – 176, Göttingen 1778.

66) –: Beyträge zur Geschichte des Fürstenbergischen Bergbaues im Kinziger Thale. – Cassel 1785.

67) KAUTSCH, E.: Die Blei-Zinkerzgänge im oberen Untermünstertal und nördlich des Belchen (Schwarzwald). – N. Jb. Miner. etc., 71, Abt. A, S. 214 – 240, 1936.

68) KIRCHHEIMER, F.: Die Uranerzvorkommen im mittleren Schwarzwald. – Mitt.-Bl. bad. geol. Landesanst. 1951, S. 1 – 74, 1952.

69) –: Weitere Untersuchungen über das Vorkommen von Uran im Schwarzwald. – Abh. geol. Landesamt Baden-Württemberg, 1, S. 1 – 60, 1953.

70) –: Bericht über das Vorkommen von Uran in Baden-Württemberg. – Abh. geol. Landesamt Baden-Württemberg, 2, S. 1 – 127, 1957.

71) –: Über radioaktive und uranhaltige Thermalsedimente, insbesondere von Baden-Baden. – Abh. geol. Landesamt Baden-Württemberg, 3, S. 1 – 67, 1959.

72) –: Die Entdeckungsgeschichte des Uranvorkommens bei Menzenschwand im südlichen Schwarzwald. – Aufschluß, 15, S. 263 – 266, 1964.

73) –: Ein alter Hinweis auf das Vorkommen von Uranglimmer zu Neubulach im nördlichen Schwarzwald. – Aufschluß, 21, S. 120 – 123, 1970.

74) –: Das Alter des Silberbergbaus im südlichen Schwarzwald. – Freiburg i. Br. 1971.

75) –: Weitere Mitteilungen über das Vorkommen radioaktiver Substanzen in Süddeutschland. – Jh. geol. Landesamt Baden-Württemberg, 15, S. 33 – 125, 1973.

76) –: Bericht über Spuren römerzeitlichen Bergbaus in Baden-Württemberg. – Aufschluß, 27, S. 361 – 371, 1976.

77) KLUTH, C.: Coffinit aus dem Lehengericht im mittleren Schwarzwald. – Aufschluß, 15, S. 295, 1964.

78) –: Über das Vorkommen des Coffinits im mittleren Schwarzwald. – Jh. geol.

Landesamt Baden-Württemberg, 7, S. 45 – 53, 1965.
79) –: Zu einigen Mineralien der Grube Neuglück bei Wittichen im mittleren Schwarzwald. – Aufschluß, 16, S. 222 – 224, 1965.
80) –: Die Kupfer-Wismut-Erze des mittleren Schwarzwaldes und ihre Geschichte. – Diss. Heidelberg 1966 (Mskr.).
81) –: Dyskrasit und gediegen Antimon aus der Reinerzau (Schwarzwald). – Jh. geol. Landesamt Baden-Württemberg, 14, S. 39 – 51, 1972.
82) Kreutzwald, A.: Die Blei-Zinkerzlagerstätte am Schauinsland im Schwarzwald. – N. Jb. Miner., 70, S. 234 – 334, 1935.
83) Laufhütte D. W.: Der Bleierzgang Friedrich-Christian im Wildschapbach. – Diss. Freiburg i. Br. 1954 (Mskr.).
84) Leonhard, G.: Die Mineralien Badens nach ihrem Vorkommen. – 3. Aufl. Stuttgart 1876.
85) –: Zur Geschichte des Bergbaus in Baden. – Beitr. zur Miner. u. Geognost. Kenntniss des Großherzogthums Baden, (III), S. 96 – 131, Stuttgart 1854.
86) Levin, P.: Die knollenführenden Quarzporphyre bei Baden-Baden. – Aufschluß, 17, S. 329 – 331, 1966.
87) –: Ferberit von Wieden im Südschwarzwald. – Aufschluß, 22, S. 97 – 100, 1971.
88) –: Mineralien der „Silbergrube" bei Baden-Baden. – Aufschluß, 22, S. 135 – 137, 1971.
89) –: Molybdänglanz in Baden-Baden. – Aufschluß, 22, S. 215, 1971.
90) Lim, S.K.: Die Uranerzvorkommen im Krunkelbachtal bei Menzenschwand. – Diplomarb. Freiburg i. Br. 1975 (Mskr.).
91) List, K.-A.: Die Mineralisation auf den tieferen Sohlen der Grube „Clara". – Diplomarb. Freiburg i. Br. 1969 (Mskr.).
92) – & Wutzler, B.: Über das Uranerzvorkommen im Stammelbach bei Schiltach/Schwarzwald. – Jh. geol. Landesamt Baden-Württemberg, 16, S. 7–11, 1974.
93) Liweh, Th.: Anglesit, Cerussit und Linarit von der Grube Hausbaden bei Badenweiler. – Z. Kristallogr., 9, S. 498 – 523, 1884.
94) Maier, A.: Kristallographische Beschreibung einiger Mineralien von der Eisenbläue bei Schönau im Wiesental (Baden). – Z. Kristallogr., 58, S. 75-107, 1923.
95) Maus, H.: Petrogenetische Typen der Schwarzwälder Quarzporphyre. – Diss. Freiburg i. Br. 1965 (Mskr.).
96) –: Sekundäre Minerale in Schwarzwälder Quarzporphyren. – Ber. naturforsch. Ges. Freiburg i. Br., 57, S. 119-132, 1967.
97) –: Die Mineralisation der Thermalwasserspalten von Wildbad. – Jh. geol. Landesamt Baden-Württemberg, 13, S. 165-170, 1971.
98) –: Römischer Bergbau bei Sulzburg Baden). – Aufschluß, 28, S. 165-176, 1977.
99) –: Violetter Fluorit und Sellait von der Grube Clara, Oberwolfach, Schwarzwald. – Aufschluß, 28, S. 361-367, 1977.
100) – & Schürenberg, H.: Kupferkiesnadeln von der Grube „Gottesehre" bei Urberg, südlicher Schwarzwald. – Jh. geol. Landesamt Baden-Württemberg, 18, S. 39-44, 1976.
101) Mehnert, K.R.: Die Kupfer-Wismut-Lagerstätte „Daniel" bei Wittichen (mittl. Schwarzwald). – N. Jb. Miner. etc., Abt. A, Mh. (1949), S. 218-241, 243-260, 1949.
102) Metz, R.: Gesteine und Erzgänge des Heubachtales im mittleren Schwarzwald. – Diss. Freiburg i. Br. 1952 (Mskr.).

103) –: Der Silber-Kobaltbergbau im Wittichener Revier und die Kinzigtäler Blaufarbenwerke. – Alemannisches Jb., S. 224-262, 1955.
104) –: Alter und neuer Bergbau in den Lahrer und Emmendinger Vorbergen. – Alemannisches Jb., S. 255-292, 1959.
105) –: Einige Gesteins- und Mineralfundpunkte im Schwarzwald in der Umgebung von Freiburg. – Aufschluß, 10, S. 205-230, 1959.
106) –: Edelsteinschleifereien in Freiburg und im Schwarzwald und deren Rohstoffe. – Lahr 1961.
107) –: Die Stadt Wolfach und der Wolfachit. – Aufschluß, 16, S. 100 – 104, 1965.
108) –: Fundstellen von Edelsteinen und frühere Edelsteinschleiferei im Schwarzwald. – Aufschluß, 16, S. 147-206, 1965.
109) –: Mineralogisch-landeskundliche Wanderungen im Nordschwarzwald besonders in dessen alten Bergbaurevieren. 20. Sonderh. Aufschluß, 1971.
110) – & Rein, G.: Erläuterungen zur geologisch-petrographischen Übersichtskarte des Südschwarzwaldes 1 : 50 000. – Lahr/Schwarzwald 1958.
111) –, Richter, M. & Schürenberg, H.: Die Blei-Zink-Erzgänge des Schwarzwaldes. – Beih. geol. Jb., 29, 277 S., 1957.
112) Murad, E.: Orthitkristalle aus dem Albtalgranit, Südschwarzwald. – Aufschluß, 26, S. 340 – 343, 1975.
113) Obenauer, K.: Über Achate vom Uruguay-Typ im Oberen Buntsandstein des Nordschwarzwaldes. – Aufschluß, 25, S. 110 – 116, 1974.
114) Osann, A.: Die Mineralien Badens. – Stuttgart 1927.
115) Otto, J.: Der Fluoritgang der Grube „Gottesehre“ bei Urberg, Kreis Säckingen (Südschwarzwald). – Jh. geol. Landesamt Baden-Württemberg, 9, S. 25-50, 1967.
116) –: Bericht über die Exkursion der Schweiz. Mineralogischen und Petrographischen Gesellschaft in den Schwarzwald. – Schweiz. Miner. Petrogr. Mitt., 47, S. 1148 – 1163, 1967.
117) –: Eine neue Kobalt-Kupfer-Arsen-Silbermineralisation im Kinzigtal (Schwarzwald). – Aufschluß, 25, S. 513 -524, 1974.
118) – & Schürenberg, H.: Neue Mineralfunde im südlichen Schwarzwald. – Aufschluß, 25, S. 205 – 211, 1974.
119) Ramdohr, P.: Eine subrezente Bildung von Uranpecherz aus U^{+6}-Lösungen. – Jh. geol. Landesamt Baden-Württemberg, 6, S. 539 – 542, 1963.
120) Rein, G.: Der Werdegang des Orthits in der magmatischen und metamorphen Abfolge des mittleren Schwarzwaldes. N. Jb. Miner., 84, S. 365 – 435, 1952.
121) –: Ein Pechblendevorkommen bei Menzenschwand im Südschwarzwald. – N. Jb. Miner., 94, S. 720 – 732, 1960.
122) Renk, A.: Der Flußspatgang der Grube „Käfersteige“ bei Pforzheim (Nordschwarzwald). – Diplomarb. Freiburg i. Br. 1975 (Mskr.).
123) Rommel, H.: Zur Geschichte des einstigen Bergbaus um Freudenstadt. – Freudenstädter Heimatbl., 5, S. 35 – 40, 10, S. 26 – 30, 1966.
124) Sandberger, F.: Geologische Beschreibung der Umgebungen der Renchbäder. – Beitr. Statist. Großherzogth. Baden, 16, Carlsruhe 1863.
125) –: Untersuchungen über die Erzgänge

von Wittichen im badischen Schwarzwalde. – N. Jb. Miner. etc. (1868), S. 385 – 432, 1868.

126) –: Nachtrag zu den Untersuchungen über die Erzgänge von Wittichen. – N. Jb. Miner. etc. (1869), S. 205 – 208, 1869.

127) –: Untersuchungen über den Wenzelgang bei Wolfach im badischen Schwarzwalde. – N. Jb. Miner. etc. (1869), S. 290 – 324, 1869.

128) –: Über den Clarit. – N. Jb. Miner. etc., (1875), S. 382 – 388, 1875.

129) –: Über Heubachit, ein natürlich vorkommendes Kobaltnickeloxydhydrat. – Sitz.-Ber. math.-phys. Cl. Bayer. Akad. Wiss., 6, S. 238 – 242, 1876.

130) –: Untersuchungen über Erzgänge. – 1. u. 2. Heft. Wiesbaden 1882, 1885.

131) –: Über den St. Bernhard-Gang bei Hausach im badischen Schwarzwald und ein auf demselben entdecktes neues Mineral. – Österr. Z. Berg- u. Hüttenwesen, 35, S. 527 – 533, 1887.

132) –: Über die Erzgänge der Gegend von Freudenstadt und Bulach im württembergischen Schwarzwald. – Sitz.-Ber. math.-phys. Cl. bayer. Akad. Wiss., (III), 21, S. 281 - 318, München 1891.

133) Sansoni, F.: Beiträge zur Kenntnis der Krystallformen des Kalkspates einiger Fundpunkte in Baden. – Z. Kristallogr., 19, S. 321 – 355, 1891.

134) Sauer, A.: Über einige neue Minerale und Gesteine aus dem mittleren Schwarzwalde. – Ber. 28. Versamml. Oberrh. geol. Ver., S. 40, 1905.

135) Sauer, W.: Die Nickelmagnetkieslagerstätten von Todtmoos und Horbach bei St. Blasien im südlichen Schwarzwald. – Diss. Dresden u. Freiberg 1920 (Ber. Freiberger Geol. Ges., VIII, 78, 1920).

136) Schädel, K.: Neue Untersuchungen im alten Bergbaugebiet von Alpirsbach und Reinerzau (Schwarzwald). – Jh. geol. Landesamt Baden-Württemberg, 1, S. 37 – 60, 1955.

137) Schäfer, W.: Bei dem weißen Sand ob der Gunzenbach – Die Mineralien Baden-Badens. – Mineralien-Magazin, 1, S. 21 – 26, 1978.

138) Schatz, R.H.: Über einen Co-Ni-Arsenide-führenden Gang im Malsburggranit bei Wieslet im südwestlichen Schwarzwald. – Aufschluß, 18, S. 211, 1967.

139) –: Scheelitfund im Steinbruch Menzenschwand-Vorderdorf im südlichen Schwarzwald. – Aufschluß, 18, S. 91, 1967.

140) –: Über ein kupfererzführendes Paralleltrum des Uranerzvorkommens bei Menzenschwand im Südschwarzwald. – Aufschluß, 18, S. 98 – 101, 1967.

141) –: Radioaktive Anomalien im Bereich der Palingenite des Blauen im SW-Schwarzwald. – Aufschluß, 19, S. 12 – 14, 1968.

142) –: Neue Mineralfunde im Steinbruch Schweighof bei Badenweiler im SW-Schwarzwald. – Aufschluß, 21, S. 103 – 104, 1970.

143) –: Scheelitführende Eisenerze der Grube Rappenloch bei Eisenbach im mittleren Schwarzwald. – Aufschluß, 21, S. 294 – 298, 1970.

144) –: Dipyramidale Torbernit-Zeunerit-Mischkristalle und andere sekundäre Uranmineralien des Uranerzvorkommens im Krunkelbachtal bei Menzenschwand im südlichen Schwarzwald. – Aufschluß, 22, S. 139 – 144, 1971.

145) –: Molybdänglanz im Malsburggranit im

Südwestschwarzwald. – Aufschluß, 23, S. 362 – 363, 1972.
146) Schauer, H.: Die Verteilung von Uran und Thorium im Bärhaldegranit (GBh) unter besonderer Berücksichtigung der Uranerzgänge von Menzenschwand (Südschwarzwald). – Diss. Stuttgart 1962 (Mskr.).
147) –: Uranerzführende Gänge im Bärhaldegranit (Südschwarzwald). – N. Jb. Miner., Mh. (1962), S. 121 – 124, 1962.
148) Schmider, F.: Ein Bergwerksverzeichnis der ehemaligen Fürstlich Fürstenbergischen Herrschaft im Kinzigtal. – Alemannisches Jb., 4, S. 314 – 340, 1956.
149) Schmidt, K.G.: Über Vererzungserscheinungen im Schauinsland. – N. Jb. Miner. etc. B, 55 A, S. 163 – 182, 1927.
150) Schneiderhöhn, H.: Vergleich der Uranerzvorkommen des mittleren Schwarzwaldes mit anderen Lagerstätten. – Mitt.-Bl. bad. Geol. Landesanst. 1951, S. 84 – 105, 1952.
151) –: Die Uranvorkommen bei Wittichen im Schwarzwald. – Aufschluß, 4, S. 18-23, 1953.
152) Schnürlen, M.: Geschichte des württembergischen Kupfer- und Silberbergbaus. – Tübinger staatswiss. Abh., N.F., Heft 23, 1921.
153) Schumacher, F.: Die Erzlagerstätten am Schauinsland im südwestlichen Schwarzwald. – Z. prakt. Geol., S. 1 – 150, 1911.
154) Schürenberg, H.: Die Erzgänge Teufelsgrund und Schindler im Untermünstertal und ihr quantitativer Mineralgehalt. – N. Jb. Miner., 91, S. 123 – 182, 1950.
155) Schwinghammer, C.: Neue Mineralfunde auf den Halden bei Neubulach (Württemb. Schwarzwald). – Aufschluß, 7, S. 119, 1956.
156) –: Mineralien von Neubulach bei Calw/ Schwarzwald. – Aufschluß, 11, S. 26 – 27, 1960.
157) Schyle, H.: Die Verkieselungserscheinungen in der Umgebung der Kesselbergstörung bei Triberg im mittleren Schwarzwald. – Diss. Freiburg 1955 (Mskr.).
158) Sehlke, K.: Gesteine und Blei-Zinkführende Flußspatgänge zwischen Feldberg und Belchen im Hochschwarzwald. Teil IV. – N. Jb. Miner., 89, S. 258 – 280, 1956.
159) Selb, K.J.: Geognostische Beschreibung des Kinzigerthals mit Hinsicht auf das Hauptgebirg des Schwarzwaldes. – Denkschr. vaterl. Ges. Ärzte u. Naturforscher Schwabens, 1, S. 324 – 430, Tübingen 1805.
160) –: Die oryktognostische Mineralien-Sammlung des Herrn Oberbergrathes Selb. – Taschenb. gesammte Miner., 11, Frankfurt a. Main 1817.
161) Sperling, H.: Zur Altersstellung der Wiedener und Brandenberger Flußspatgänge (Südschwarzwald). – Mineral. Deposita, 7, S. 351 – 359, 1972.
162) Springer, G. & Demirsoy, S.: Beitrag zur Klärung der Existenz von Klaprothit.- N. Jb. Miner. Mh. (1969), S. 32 – 37, 1969.
163) Stier, K.: Die Gold- und Silber-führenden Kupfer-Wismuterzgänge von Neubulach. – Jb. Mitt. Oberrh. Geol. Ver. N.F. 11, S. 86 – 94, 1922.
164) Stromburg, G.: Mineralogisch-petrographische Untersuchungen an den Sedimenten (Schichtflutfanglomeraten)

des Oberrotliegenden von Schramberg. – Beitr. Miner. Petrogr., 11, S. 20 – 48, 1964.
165) Struve, H. v.: Mineralogische Beiträge, vorzüglich in Hinsicht auf Württemberg und den Schwarzwald. – Gotha 1807.
166) Trenkle, J.B.: Geschichte des Bergbaues im südwestlichen Schwarzwalde von 1028 bis 1869. – Bonn 1870.
167) Vernier, J.W. v.: Bericht über eine Untersuchung des Bergbauwesens in Vorderösterreich. – Copirter Bericht, Blatt 1 – 309, 1781. Generallandesarchiv Karlsruhe, Akten Breisgau-Generalia, Fasz. No. 135.
168) Vogelgesang, W.: Geognostisch-bergmännische Beschreibung des Kinzigthaler Bergbaus. – Beitr. Statist. Großherzogt. Baden, 21, Carlsruhe 1865.
169) Waldeck, H.: Der Steinbruch am Artenberg bei Steinach i.K. (Schwarzwald) – eine petrographisch-mineralogische Betrachtung.-N. Jb. Miner. Mh. (1970), S. 420 – 431, 1970.
170) Walenta, K.: Alter Bergbau auf Antimon und Silber bei Sulzburg im südlichen Schwarzwald. – Die Markgrafschaft, H. 9, S. 3 – 8, 1957.
171) –: Die antimonerzführenden Gänge des Schwarzwaldes. – Jh. geol. Landesamt Baden-Württemberg, 2, S. 13 – 67, 1957.
172) –: Die antimonerzführenden Gänge bei St. Trudpert im Münstertal und bei St. Ulrich (südlicher Schwarzwald). Jh. geol. Landesamt Baden-Württemberg, 3, S. 53 – 79, 1958.
173) –: Die sekundären Uranmineralien des Schwarzwaldes. – Jh. geol. Landesamt Baden-Württemberg, 3, S. 17 – 51, 1958.
174) –: Ein Vorkommen von Uranocircit im südlichen Schwarzwald. – N. Jb. Miner., Mh. (1960), S. 116 – 119, 1960.
175) –: Chlorotil und Mixit. – N. Jb. Miner., Mh. (1960), S. 223 – 236, 1960.
176) –: Die sekundären Mineralbildungen (des Michaelganges im Weiler bei Lahr). Siehe Walenta & Wimmenauer, S. 17 – 33, 1961.
177) –: Torbernit aus der Grube Clara bei Oberwolfach (Schwarzwald). – Hermann-Aldinger-Festschrift, S. 185 – 190, Stuttgart 1962.
178) –: Neue Mineralfunde aus dem Schwarzwald. – Aufschluß, 14, S. 267 – 274, 1963.
179) –: Mansfieldit von Neubulach im württembergischen Schwarzwald. – N. Jb. Miner., Mh. (1963), S. 79 – 87, 1963.
180) –: Die Grube Ursula bei Welschensteinach und die Grube Ludwig im Adlersbach bei Hausach. Ein Beitrag zur Geschichte des Kinzigtäler Bergbaus. – Aufschluß, 16, S. 209 – 215, 1963.
181) –: Wolframmineralien aus dem Schwarzwald. – Jh. geol. Landesamt Baden-Württemberg, 6, S. 105 – 111, 1963.
182) –: Über die Barium-Uranylphosphatmineralien Uranocircit I, Uranocircit II, Meta-Uranocircit I und Meta-Uranocircit II von Menzenschwand im südlichen Schwarzwald. – Jh. geol. Landesamt Baden-Württemberg, 6, S. 113 – 135, 1963.
183) –: Beiträge zur Kenntnis seltener Arsenatmineralien unter besonderer Berücksichtigung von Vorkommen des Schwarzwaldes. 1. Folge. – Tschermaks miner. petrogr. Mitt., 9, S. 111 – 174, 1964; 2. Folge, 9, S. 252 – 282, 1965; 3. Folge, 11, S. 121 – 164, 1966.
184) –: Hallimondite, a new uranium mineral

from the Michael Mine near Reichenbach (Black Forest, Germany). – Amer. Miner., 50, S. 1143 – 1157, 1965.
185) –: Die Uranglimmergruppe. – Chem. Erde, 24, S. 254 – 278, 1965.
186) –: Die Uranvererzung im Bereich der Grube Johann bei Wittichen (mittlerer Schwarzwald). – Jber. u. Mitt. oberrh. geol. Ver., N.F., 48, S. 79 – 90, 1966.
187) –: Der Mineralbestand der Grube Johann am Burgfelsen bei Wittichen (mittlerer Schwarzwald). – Mitt. bad. Landesver. Naturkunde u. Naturschutz, N. F., 9, S. 265 – 301, 1966.
188) –: Scheelit und Wolframit von neuen Fundorten im Schwarzwald. – Jh. geol. Landesamt Baden-Württemberg, 9, S. 51 – 58, 1967.
189) –: Die Mineralien des Granitsteinbruchs von Menzenschwand im südlichen Schwarzwald. – Aufschluß, 18, S. 151 – 162, 1967.
190) –: Sekundärmineralien aus den Erzgängen des Gebietes von Freudenstadt im nördlichen Schwarzwald. – Aufschluß, 20, S. 85 – 96, 1969.
191) –: Silbermineralien aus der Grube Clara bei Oberwolfach im mittleren Schwarzwald. – Aufschluß, 20, S. 323 – 329, 1969.
192) –: Mineralien der Chlorotil-Mixitgruppe mit Seltenen Erden von Fundorten im Schwarzwald. – Chem. Erde, 29, S. 36 – 47, 1970.
193) –: Die Sekundärmineralien der Co-Ni-Ag-Bi-U-Erzgänge im Gebiet von Wittichen im mittleren Schwarzwald. – Aufschluß, 23, S. 279 – 329, 1972.
194) –: On studtite and its composition. – Amer. Miner., 59, S. 166 – 171, 1974.
195) –: Die Sekundärmineralien des Schwerspatganges der Grube Clara bei Oberwolfach im mittleren Schwarzwald. – Aufschluß, 26, S. 369 – 411, 1975.
196) –: Widenmannit und Joliotit, zwei neue Uranylkarbonatmineralien aus dem Schwarzwald. – Schweiz. Miner. Petrogr. Mitt., 56, S. 167 – 185, 1976.
197) –: Tsumcorit aus der Grube Michael im Weiler bei Lahr (Schwarzwald). – Aufschluß, 27, S. 373 – 379, 1976.
198) –: Neue Funde sekundärer Uranmineralien im mittleren und nördlichen Schwarzwald. – Aufschluß, 28, S. 177 – 188, 1977.
199) –: Machatschkiit, ein neues Arsenatmineral aus der Grube Anton im Heubachtal bei Schiltach (Schwarzwald). – Tschermarks miner. petrogr. Mitt., 24, S. 125 – 132, 1977.
200) –: Über den Hügelit. – Tschermarks miner. petrogr. Mitt. (im Druck).
201) –: Boyleit, ein neues Sulfatmineral von Kropbach im südlichen Schwarzwald. – Chem. Erde, 37, S. 73 – 79, 1978.
202) –: Uranospathite and arsenuranospathite. – Miner. Mag., 42, S. 117 – 128, 1978.
203) –: Die Sekundärmineralien der Erzgänge von Neubulach im nördlichen Schwarzwald. – Aufschluß (im Druck).
204) –, Sawatzki, G. & Dayal, R.: Die Wolframerzvorkommen im Gebiet des Nordracher Granitmassivs und seiner Umgebung. – Jh. geol. Landesamt Baden-Württemberg, 12, S. 207 – 226, 1970.
205) – & Wimmenauer, W.: Der Mineralbestand des Michaelganges im Weiler bei Lahr (Schwarzwald). – Jh. geol. Landesamt Baden-Württemberg, 4, S. 7 – 37, 1961.

206) Weber, W.: Der Eisenerzbergbau bei Neuenbürg im württembergischen Schwarzwald im 18. und 19. Jahrhundert. – Bergwirtsch. Mitt., Beibl. Z. prakt. Geol., S. 221 – 226, 1911.
207) Wecht, E.H.P.: Gesteine und Blei-Zink-führende Flußspatgänge zwischen Feldberg und Belchen im Hochschwarzwald. Teil III. – N. Jb. Miner., 88, S. 273 – 308, 1955.
208) Werner, G.: Zusammenstellung der bis jetzt in Württemberg aufgefundenen Mineralien. – Jh. Ver. vaterl. Naturkd. Württ., 25, S. 129 – 145, 1869.
209) Wernicke, F.A.: Die Wismut-Kupfer-Erzlagerstätte von Neubulach im Schwarzwald. – Untersuchungen zur Nutzbarmachung der Haldenerze. – Erzmetall, 6, S. 350 – 356, 1953.
210) Widenmann, J.F.W.: Uranglimmer auf dem Schwarzwald. – Bergm. J., 6, S. 96, Freyberg 1793.
211) Wilser, J.: Die Bodenschätze des Markgräflerlandes. – Bad. Heimat, 10, S. 7 – 17, Karlsruhe 1923.
212) Wimmenauer, W.: Mikroskopische Untersuchungen an Uranerzen aus dem mittleren Schwarzwald. – Mitt.-Bl. bad. geol. Landesanstalt f. 1951, S. 75 – 83, 1952.
213) –: Der Mineralbestand der uranhaltigen Erze aus der Kobaltgrube „Gottes Segen“ bei Sulzburg (Südlicher Schwarzwald). – Jh. geol. Landesamt Baden-Württemberg, 1, S. 61 – 71, 1955.
214) –: Über den Mineralbestand der uranhaltigen Manganerze von Eisenbach und einiger anderer „Psilomelane“ des Schwarzwaldes. – Jh. geol. Landesamt Baden-Württemberg, 1, S. 72–78, 1955.
215) –: Flußspat- und Schwerspatlagerstätten im Schwarzwald. – Keramische Z., S. 274 – 276, 1964.
216) Wittern, A: Rooseveltitvorkommen in Wittichen? – Aufschluß, 24, S. 452, 1973.
217) Wohleb, J. & Schilli, H.: Der Kinzigthäler Bergbau in den Jahren 1700 – 1754 nach dem Bericht des Hüttenschreibers und Bergrechners Johann Bernhard Mayer d. Ä. in Wittichen. – Veröff. F.F. Archiv, 12, Donaueschingen 1950.
218) Wolf, H.: Die Gesteine und Erzgänge der Umgebung von Wittichen im mittleren Schwarzwald. – N. Jb. Miner. etc., 77, Abt. A, S. 175 – 237, 1942.
219) Zeino, H.: Die Genese der hydrothermalen Mineralisation im südwestlichen Schwarzwald. – Diss. Frankfurt am Main 1967 (Mskr.).
220) Zimmerle, W.: Cordieritführende Dumortierit-Granitaplite aus dem Malsburgpluton, Südwestschwarzwald (mit einem Beitrag zur Mineralogie des Dumortierits). – Jh. geol. Landesamt Baden-Württemberg, 7, S. 25 – 43, 1965.

Sachregister

Halbfett gedruckte Seitenzahlen bezeichnen die Seite, auf der das Mineral ausführlich behandelt ist.